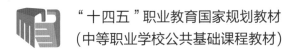"十四五"职业教育国家规划教材
（中等职业学校公共基础课程教材）

U0290005

信 息 技 术

（拓展模块）
——三维数字模型绘制+数字媒体创意

总主编　蒋宗礼

主　编　朱文娟　孙谦之

电子工业出版社.

Publishing House of Electronics Industry

北京·BEIJING

内 容 简 介

本书紧密结合中等职业教育的特点，联系计算机教学的实际情况，突出技能和动手能力训练，重视提升学科核心素养，符合中职学生学习信息技术要求。

本书对应《中等职业学校信息技术课程标准》拓展模块 4 和拓展模块 6，与《信息技术（基础模块）（上册）》和《信息技术（基础模块）（下册）》配套使用。

本书可作为中等职业学校各类专业的公共课教材，也可作为信息技术应用的培训教材。

未经许可，不得以任何方式复制或抄袭本书之部分或全部内容。
版权所有，侵权必究。

图书在版编目（CIP）数据

信息技术：拓展模块. 三维数字模型绘制+数字媒体创意 / 朱文娟，孙谦之主编. —北京：电子工业出版社，2022.8

ISBN 978-7-121-43385-6

Ⅰ. ①信… Ⅱ. ①朱… ②孙… Ⅲ. ①电子计算机—中等专业学校—教材 Ⅳ. ①TP3

中国版本图书馆 CIP 数据核字（2022）第 074901 号

责任编辑：程超群　　　　文字编辑：罗美娜
印　　刷：中煤（北京）印务有限公司
装　　订：中煤（北京）印务有限公司
出版发行：电子工业出版社
　　　　　北京市海淀区万寿路 173 信箱　邮编　100036
开　　本：880×1 230　1/16　印张：5.25　字数：120.96 千字
版　　次：2022 年 8 月第 1 版
印　　次：2025 年 1 月第 4 次印刷
定　　价：13.20 元

凡所购买电子工业出版社图书有缺损问题，请向购买书店调换。若书店售缺，请与本社发行部联系，联系及邮购电话：（010）88254888，88258888。

质量投诉请发邮件至 zlts@phei.com.cn，盗版侵权举报请发邮件至 dbqq@phei.com.cn。

本书咨询联系方式：（010）88254550，zhengxy@phei.com.cn（郑小燕）。

出版说明

为贯彻新修订的《中华人民共和国职业教育法》，落实《全国大中小学教材建设规划（2019-2022 年）》《职业院校教材管理办法》《中等职业学校公共基础课程方案》等要求，加强中等职业学校公共基础课程教材建设，在国家教材委员会统筹领导下，教育部职业教育与成人教育司统一规划，指导教育部职业教育发展中心具体组织实施，遴选建设了数学、英语、信息技术、体育与健康、艺术、物理、化学等七科公共基础课程教材，并于 2022 年组织按有关新要求对教材进行了审核，提供给全国中等职业学校选用。

新教材根据教育部发布的中等职业学校公共基础课程标准和有关新要求编写，全面落实立德树人根本任务，突显职业教育类型特征，遵循技术技能人才成长规律和学生身心发展规律，围绕核心素养培育，在教材结构、教材内容、教学方法、呈现形式、配套资源等方面进行了有益探索，旨在打牢中等职业学校学生科学文化基础，提升学生综合素质和终身学习能力，提高技术技能人才培养质量。

各地要指导区域内中等职业学校开齐开足开好公共基础课程，认真贯彻实施《职业院校教材管理办法》，确保选用本次审核通过的国家规划新教材。如使用过程中发现问题请及时反馈给出版单位和我司，以便不断完善和提高教材质量。

教育部职业教育与成人教育司

2022 年 8 月

前　言

习近平总书记在中央网络安全和信息化领导小组第一次会议上强调，当今世界，信息技术革命日新月异，对国际政治、经济、文化、社会、军事等领域发展产生了深刻影响。信息化和经济全球化相互促进，互联网已经融入社会生活方方面面，深刻改变了人们的生产和生活方式。

目前，信息技术已成为支持经济社会转型发展的重要驱动力，是建设创新型国家、制造强国、网络强国、数字中国、智慧社会的基础支撑。因此，了解信息社会、掌握信息技术、增强信息意识、提升信息素养、树立正确的信息社会价值观和责任感，正成为现代社会对高素质技术技能人才的基本要求。

本套教材以教育部发布的《中等职业学校信息技术课程标准》为依据，全面落实立德树人根本任务，紧密结合职业教育特点，密切联系中职信息技术课程教学实际，突出技能训练和动手能力培养，符合中等职业学校学生学习信息技术的要求。本套教材对接信息技术的最新发展与应用，结合职业岗位要求和专业能力发展需要，着重培养支撑学生终身发展、适应新时代要求的信息素养。本套教材坚持"以服务为宗旨，以就业为导向"的职业教育办学方针，充分体现以全面素质为基础，以能力为本位，以适应新的教学模式、教学制度需求为根本，以满足学生和社会需求为目标的编写指导思想。在编写中，力求突出以下特色：

1. 注重课程思政。课程思政是国家对所有课程教学的基本要求，本套教材将课程思政贯穿于全过程，帮助教学者理解如何将思政元素融入教学，以润物无声的方式引导学生树立正确的世界观、人生观和价值观。

2. 贯穿核心素养。本套教材以提高实际操作能力、培养学科核心素养为目标，强调动手能力和互动教学，更能引起学习者的共鸣，逐步增强信息意识、提升信息素养。

3. 强化专业技能。本套教材紧贴信息技术课程标准的要求，组织知识和技能内容，摒弃了繁杂的理论，能在短时间内提升学习者的技能水平，对于学时较少的非信息技术类专业学生有更强的适应性。

4. 跟进最新知识。涉及信息技术的各种问题多与技术关联紧密，本套教材以最新的信息技术为内容，关注学生未来，符合社会应用要求。

5. 构建合理结构。本套教材紧密结合职业教育的特点，借鉴近年来职业教育课程改革和教材建设的成功经验，在内容编排上采用了任务引领的设计方式，符合学生心理特征和认知、技能养成规律。内容安排循序渐进，操作、理论和应用紧密结合，趣味性强，能够提高学生的学习兴趣，培养学生的独立思考能力、创新和再学习能力。

6. 配备教学资源。本套教材配备了包括电子教案、教学指南、教学素材、习题答案、教学视频、课程思政素材库等内容的教学资源包，为教师备课、学生学习提供全方位的服务。

在实施教学时，教师要创设感知和体验信息技术的应用情境，提炼计算思维的形成过程和表现形式，要以源自生产、生活实际的实践项目为引领，以典型任务为驱动，通过情境创设、任务部署、引导示范、实践训练、疑难解析、拓展迁移等教学环节，引导学生主动探究，将生产、生活中遇到的问题与信息技术融合关联，找寻解决问题的方案。在情境和活动中培养学生的信息意识，逐步培养计算思维，不断提升数字化学习与创新能力，鼓励学生在复杂的信息技术应用情境中，通过思考、辨析，做出正确的思维判断和行为选择，履行信息社会责任，自觉培育和践行社会主义核心价值观。学生在学习时要自觉强化为中华民族伟大复兴而奋斗的使命感，增强民族自信心和爱国主义情感，弘扬工匠精神，培养创新创业意识，以"做"促"学"，以"学"带"做"，在"学、做、评"循环中不断提升学习能力和信息应用能力。

本书对应《中等职业学校信息技术课程标准》拓展模块4和拓展模块6，与《信息技术（基础模块）（上册）》（ISBN 978-7-121-41249-3，电子工业出版社）和《信息技术（基础模块）（下册）》（ISBN 978-7-121-41248-6，电子工业出版社）配套使用。

本套教材由蒋宗礼教授担任总主编，蒋宗礼教授负责推荐、遴选部分作者，提出教材编写指导思想和理念，确定教材整体框架，并对教材内容进行审核和指导。

本书由朱文娟、孙谦之担任主编。其中，模块4由朱文娟编写，模块6由孙谦之、张智晶、杨宏慧、侯广旭、丁文慧编写（任务1由孙谦之、杨宏慧、侯广旭编写，任务2由张智晶、丁文慧编写）。姜志强、赵立威、高玉民、陈瑞亭等专家从新技术、行业规范、职业素养、岗位技能需求等方面提供了相关资料、素材和指导性意见。

书中难免存在不足之处，敬请读者批评指正。

本书咨询反馈联系方式：（010）88254550，zhengxy@phei.com.cn（郑小燕）。

编　者

目　　录

模块 4　三维数字模型绘制

模块 6 数字媒体创意

模块 4　三维数字模型绘制

随着计算机应用技术的发展，计算机处理图形的能力也得到了快速的发展。计算机二维绘图、三维建模、计算机图形渲染、仿真技术等正在得到越来越广泛的运用。

本模块内容正是从实际应用的需求出发，帮助读者使用容易上手的三维数字建模绘制工具，参考三维设计作品样例或实体模型，根据要求完成三维数字模型的绘制，并融入必要的自主创意，使用 3D 打印机，选择合适的材料打印实体作品。作为新时代中等职业学校学生，对计算机图形绘制、建模、动画渲染技术的了解是十分必要的。

职业背景

三维数字模型绘制技术是影视动画类、艺术设计类、数字媒体、室内设计、虚拟现实及教育技术等相关行业的专业基础技能。在生活中，三维建模应用人才在影视动画与游戏开发、家装设计、产品外观设计、3D 打印、虚拟现实等多个领域中的需求也在急剧增加。

本模块面向 3D 设计零基础的同学，从 3ds Max 的基本操作入手，以项目为主线，讲授三维模型制作的原理、操作技术、创作流程及 3D 打印的方法。希望能为读者步入影视、游戏与 3D 设计行业打好基础。

学习目标

1. 知识目标

（1）掌握常用的三维建模方法。

（2）运用 3ds Max 工具建立模型。

（3）掌握材质设置、灯光渲染的方法和技巧。

（4）会选用合适的材料打印三维产品模型。

2. 技能目标

（1）能掌握常用的三维建模方法。

（2）能进行简单场景建模。

（3）能灵活运用 3ds Max 多边形建模技术创建低面数场景模型。

（4）能利用 UV 贴图制作简单场景。

（5）能制作简单三维动画。

（6）能熟练运用材质制作的方法。

（7）能熟练运用灯光渲染的方法和技巧。

（8）能创作三维动画。

（9）能了解 3D 打印的原理。

（10）能选用合适的材料进行 3D 打印。

3. 素养目标

（1）具有严谨的职业道德和科学态度。

（2）了解知识产权相关法律法规，具有尊重他人智力成果的意识。

（3）对工作任务认真负责，具备良好的客户服务和沟通意识。

（4）乐于接受新知识、新技术，具备相应的学习能力。

（5）具有耐心、细心、严谨、精益求精的品质。

（6）具有通过不同的途径获取信息的能力。

任务 1　三维数字模型制作概述

4.1.1　什么是三维数字模型

三维数字模型是使用三维制作软件具有三维数据的模型通过虚拟三维空间构建出来的。三维数字模型的呈现方式更直接，让人们对抽象难懂的信息变得直观化和可视化。三维模型显示的物体可以是现实世界中客观存在的实体，也可以是虚构的物体。

三维数字模型已经应用于多个不同的领域。例如，在医疗行业，可使用三维模型制作人体器官的精确模型；在电影行业，三维模型可用于创建虚拟物体和虚拟影视场景等；在电子游戏中，三维模型是电子游戏中的资源；在科学领域，可以用三维模型模拟化合物的精确模型等；在建筑行业，可用三维软件设计建筑效果图。

4.1.2　有哪些三维数字模型软件

目前，专业的建模软件主要包括以下几种。

1. 3ds Max

3D Studio Max（简称 3ds Max）是以 PC 系统为基础的三维建模及动画制作软件。它是使用最多的 3D 建模软件之一，主要用于建筑模型、室内设计等行业。它的插件很多，能满足一般的 3D 建模需求。

2. Maya

Maya 是电影级别的制作软件。在工业界，Maya 主要用在影视广告、角色动画、电影特技等方面。

3. Softimage

Softimage 在影视动画方面应用广泛。许多电影中的视觉效果都是通过 Softimage 制作的。

4. LightWave

LightWave 是一款 3D 动画设计软件，在生物建模建立和角色动画设计等方面，在电影、电视、动画等领域广泛应用。

5. Rhino（犀牛）

Rhino 是一款专业的 3D 设计软件，对机器配置要求不高，安装文件小，但功能丰富，其设计能力以及 3D 模型设计能力强大，尤其在创建 NURBS 曲线曲面方面。在进行船体曲面的 NURBS 建模和修改时，用 Rhino 十分便捷。

6. Cinema 4D

Cinema 4D（C4D）是一款 3D 设计软件，主要应用在苹果机上。

7. Creator

Creator 是一款专门用于创建大型 3D 虚拟仿真的实时三维模型的软件。其强大之处在于管理 3D 模型数据的数据库，使得输入、结构化、修改、创建原型和优化模型数据库变得非常容易。

本模块将采用 3ds Max 软件进行学习。软件只是工具，希望读者能领悟到三维模型制作方式和设计的理念。

任务 2　3D 打印技术

4.2.1　什么是 3D 打印技术

3D 打印技术是快速成型技术的一种，它是一种以数字模型文件为基础，运用粉末状金属或树脂等可黏合材料，通过逐层打印的方式来构造物体的技术，通常采用数字技术材料打印机来实现。常见的很多 3D 打印的视频都令人叹为观止，一只小小的鞋子、一个漂亮的水杯、一把椅子、一张桌子等物品，甚至一栋房子，在 3D 打印技术下悄然而生。自此，3D 打印开始逐步为人所知。3D 打印的作品示例如图 4-1 所示。

图 4-1　3D 打印的作品示例

4.2.2　常用的 3D 打印材料

3D 打印用到的材料包括光敏树脂复合材料、高分子粉末材料、石蜡粉末材料、陶瓷粉末材料、熔丝线材料、FDM 陶瓷材料、木塑复合材料、FDM 支撑材料等。常用的 3D 打印材料有光敏树脂、PLA、ABS、尼龙、不锈钢等。

据不完全统计，目前可用的 3D 打印材料种类已超过 200 种，比较常用的 3D 打印材料有以下几种。

1. ABS 塑料类

ABS（Acrylonitrile Butadiene Styrene）塑料类是最常用的 3D 打印材料之一，目前有多种颜色可供选择，是消费级 3D 打印机用户最喜爱的打印材料，可打印玩具、创意家居饰件等。

ABS 材料通过 3D 打印喷嘴加热熔解打印。由于材料从喷嘴喷出之后需要立即凝固，喷嘴加热的温度控制在比 ABS 材料热熔点高出 1～2℃。不同的 ABS 由于其熔点不同，对于不能调节温度的喷嘴是不能通配的，这也是最好从原厂商那里购买打印材料的原因。使用 ABS 塑料类材料打印的 3D 作品如图 4-2 所示。

 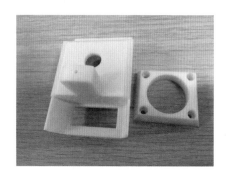

图 4-2 使用 ABS 塑料类材料打印的 3D 作品

2. PLA 塑料类

PLA（Polylactic Acid）塑料类是另外一种常用的 3D 打印材料。PLA 可以降解，是一种环保材料。PLA 一般情况下不需要使用加热床，这一点不同于 ABS，所以 PLA 更容易使用，更加适合低端的 3D 打印机。PLA 塑料也有多种颜色可供选择，而且还有半透明或全透明的材料。和 ABS 一样，PLA 的通用性也有待提高。使用 PLA 塑料类材料打印的作品如图 4-3 所示。

图 4-3 使用 PLA 塑料类材料打印的 3D 作品

3. 亚克力

亚克力，又称为 PMMA 或有机玻璃，源自英文 acrylic（丙烯酸塑料），化学名称为聚甲基丙烯酸甲酯。亚克力材料表面光洁度好，可以打印出透明或半透明的产品，目前利用亚克力材质可以打出用于牙齿矫正治疗的牙齿模型。使用亚克力材料打印的 3D 作品如图 4-4 所示。

图 4-4　使用亚克力材料打印的 3D 作品

4．尼龙铝粉

尼龙铝粉是在尼龙的粉末中掺杂了铝粉，利用 SLS（Selective Laser Sintering，选择性激光烧结）技术进行打印，其成品有金属光泽，经常用于装饰品和首饰创意产品的打印中。使用尼龙铝粉打印的 3D 作品如图 4-5 所示。

图 4-5　使用尼龙铝粉打印的 3D 作品

5．陶瓷

陶瓷粉末采用 SLS 进行烧结，上釉陶瓷产品可以用来盛食物，很多人用陶瓷来打印个性化的杯子。当然，3D 打印并不能完成陶瓷的高温烧制，这道工序现在需要在打印完成之后进行。使用陶瓷打印的 3D 作品如图 4-6 所示。

图 4-6　使用陶瓷打印的 3D 作品

6. 树脂

树脂是光固化成型（Stereo Lithography Apparatus，SLA）的重要原料，目前应用最广泛的是光敏树脂，其变化种类很多，有透明的、半固体状的，可以制作中间设计过程模型。由于其成型精度比 FDM 高，可以用于制作生物模型或医用模型。使用树脂打印的 3D 作品如图 4-7 所示。

图 4-7　使用树脂打印的 3D 作品

7. 玻璃

可使用熔融玻璃粉末生产出 3D 打印制作的产品。玻璃粉末采用 SLS 技术进行打印。玻璃材质的变化种类就像树脂和聚丙乙烯一样多。使用玻璃打印的 3D 作品如图 4-8 所示。

图 4-8　使用玻璃打印的 3D 作品

8. 不锈钢

不锈钢材质坚硬，而且有很强的牢固性。不锈钢粉末采用 SLS 技术进行 3D 烧结，可以有银色、古铜色及白色等颜色。不锈钢可以用于制作模型、现代艺术品及很多功能性和装饰性的用品。使用不锈钢打印的 3D 作品如图 4-9 所示。

图 4-9　使用不锈钢打印的 3D 作品

9. 其他金属——银、金和钛金属

这些金属材料都是采用 SLS 的粉末烧结。金、银可以打印饰品；而钛金属是高端 3D 打印机经常用的材料，用来打印航空飞行器上的构件。使用金属打印的 3D 作品如图 4-10 所示。

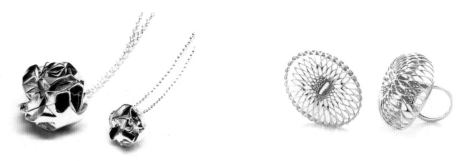

图 4-10　使用金属打印的 3D 作品

任务 3　3ds Max 基础介绍

4.3.1　3ds Max 2016 界面介绍

3ds Max 2016 主界面如图 4-11 所示。

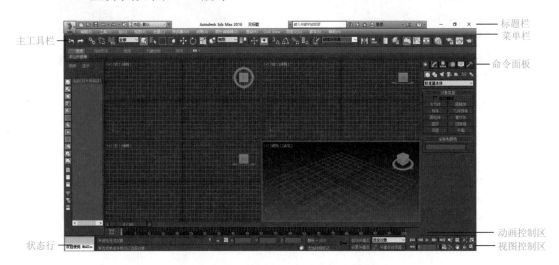

图 4-11　3ds Max 2016 主界面

标题栏：处于整个界面的最上方，左侧显示的是软件图标和快速访问工具栏，中间显示的是软件名称及当前打开的场景文件的名称，右侧是搜索与帮助工具栏，以及"最小化"、"还原/最大化"和"关闭"按钮。

菜单栏：处于标题栏的下方，共有 15 个菜单，提供了 3ds Max 的主要功能选项。

主工具栏：处于菜单栏的下方，放置了一些常用的快捷工具按钮，其位置可以根据用户需要进行调整。

状态行：用来显示场景和当前命令提示，以及状态信息。

动画控制区：用来控制动画的播放。

视图控制区：对视图显示进行控制。

命令面板：由 6 个面板组成，使用这些面板可以访问大多数建模、动画命令，以及一些显示方式和其他工具。默认位于屏幕的最右侧，其位置可以根据用户需要进行调整。

4.3.2　主工具栏介绍

3ds Max 2016 的主工具栏如图 4-12 所示。

图 4-12　3ds Max 2016 的主工具栏

"选择对象"按钮：单击该按钮，可以在视图中选中一个或者多个对象并进行操作。当对象被选中时，该对象以高亮的方式显示。

"按名称选择"按钮：单击该按钮，可以按对象的名称选中对象。当场景中有很多对象，甚至场景中的对象相互重叠时，如果直接在视图中单击"选择对象"按钮，将很难选中特定的对象，而通过单击"按名称选择"按钮却很容易实现。

"选择并移动"按钮：单击该按钮之后，再单击场景中的对象，可将这个对象选中。拖动鼠标，可以按照坐标轴的方向移动选中的对象，移动时将会受到选择的坐标轴的限制。

"选择并旋转"按钮：单击该按钮，在场景中选中对象可以对其进行旋转。此工具是一个球形的操作轴。单击并拖动单个轴向，可以进行单方向旋转。三视图中的红、绿、蓝三种颜色的圆环分别代表了 X 轴、Y 轴、Z 轴，选中的轴将会以黄色显示。选中某个轴进行旋转时，会显示扇形和角度值。按住【Shift】键旋转时，会复制当前操作的对象。

"选择并均匀缩放"按钮：单击该按钮，可以在 3 个坐标轴上对所选中的对象进行等比例缩放。等比例缩放只改变对象的体积，不改变对象的形状。

"选择并非均匀缩放"按钮：单击该按钮，可以在指定的坐标轴上对所选中的对象进行不等比例的缩放，对象的体积和形状都会发生改变。

"材质编辑器"按钮：单击该按钮，会弹出"材质编辑器"对话框，可以为所选的对象赋予相应的材质。

"渲染设置"按钮：单击该按钮，会弹出"渲染设置"对话框，可以对场景的渲染进行设置。

"渲染产品"按钮：单击该按钮，会根据"渲染设置"对话框中的设置对场景进行产品级的渲染。

4.3.3 视图控制区

图 4-13　视图控制区

在屏幕的右下角有一个视图控制区，如图 4-13 所示，提供了许多改变视图设置的选项。

"缩放"按钮：用于将一个视图缩小或放大。单击这个按钮后，在任意一个视图中单击并向上拖动鼠标，可以将该视图放大；单击并向下拖动鼠标，可以将该视图缩小。

"缩放所有视图"按钮：单击该按钮后，在任意一个视图中单击并向上拖动鼠标，可以将所有视图放大；单击并向下拖动鼠标，可以将所有视图缩小。

"最大化显示选定对象"按钮：用于对当前视图进行缩放，使选定的对象最大化显示。

"所有视图最大化显示"按钮：用于对所有视图进行缩放，使选定的对象所在的所有视图最大化显示。

"缩放区域"按钮：单击该按钮，在一个视图中用鼠标拖曳出一块矩形的区域，可对这块区域进行放大显示。

"平移视图"按钮：单击该按钮，在某个视图中单击并拖动鼠标，可以使视图上、下、左、右移动。

"弧形旋转"按钮：单击该按钮后，在视图内出现一个圆。在圆内单击并拖动鼠标，可以上、下、左、右地旋转视图。

"最大化视图切换"按钮：单击该按钮，可以在只显示一个视图和同时显示四个视图这两种状态之间进行切换。

任务 4　沙发的制作

下面通过沙发的制作来介绍 3ds Max 2016 的基本操作。沙发的制作通过使用 3ds Max 自带的简单几何体进行堆砌来实现。

◆　**任务描述**

在沙发的制作过程中，可先用矩形来确定沙发框架的尺寸，删除矩形的部分线段后设置轮廓，再添加"挤出"工具就可以实现沙发框架的制作。沙发的坐垫则是用带倒角的长方体来制作。制作完成一个坐垫后，其他的坐垫只需要通过复制和修改参数即可完成。

◆　**任务目标**

（1）学会使用标准基本体、扩展基本体来搭建沙发。

（2）能熟练地使用 3ds Max 软件的基本操作。

4.4.1　工作流程

（1）单击"图形"按钮，在"对象类型"卷展栏中单击"矩形"按钮，在顶视图中绘制一个矩形，设置矩形的"长度"为"3800mm"，"宽度"为"1100mm"，命名为"沙发框架"，如图 4-14 所示。

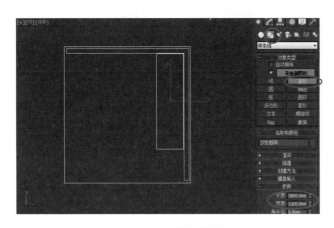

图 4-14　绘制矩形

（2）先删除"沙发框架"对象的一条线段，然后选中样条线，设置"轮廓"为"100"，再添加"挤出"工具，将"数量"设置为"900mm"，如图 4-15 所示。

（3）单击"创建"→"几何体"面板中的"标准基本体"下拉按钮，在下拉列表中选择"扩展基本体"选项，如图 4-16 所示。

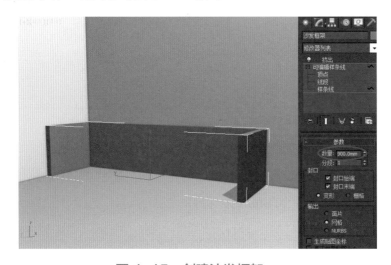

图 4-15　创建沙发框架

图 4-16　"扩展基本体"选项

（4）单击"对象类型"卷展栏中的"切角长方体"按钮，在顶视图中创建一个切角长方体，并将其命名为"贵妃榻底座"；在"参数"卷展栏中设置"长度"为"1000mm"，"宽度"为"1800mm"，"高度"为"300mm"，"圆角"为"50mm"，如图4-17所示。

（5）使用同样的方法，创建横向的沙发底座。设置"长度"为"2600mm"，"宽度"为"1000mm"，"高度"为"300mm"，"圆角"为"50mm"，如图4-18所示。

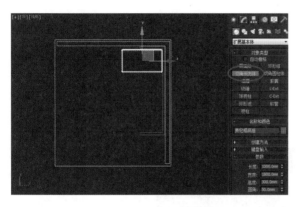

图4-17 创建贵妃榻底座

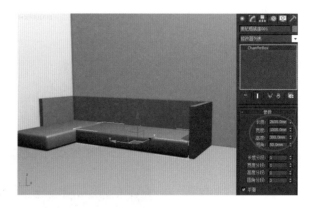

图4-18 创建沙发底座

（6）单击"创建"面板，单击"扩展基本体"卷展栏中的"切角长方体"按钮，创建贵妃榻的垫子。设置"长度"为"1000mm"，"宽度"为"1800mm"，"高度"为"200mm"，"圆角"为"50mm"，如图4-19所示。

（7）在主工具栏中单击"选择并移动"按钮，按住【Shift】键，选中贵妃榻的垫子后水平移动适当距离，松开鼠标后会弹出"克隆选项"对话框，在"对象"选项组中选中"复制"单选按钮，再单击"确定"按钮，如图4-20所示。

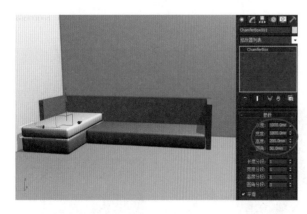

图4-19 创建贵妃榻垫子

图4-20 复制贵妃榻垫子

（8）选中复制后的对象，进入"修改"面板，设置"长度"为"900mm"，"宽度"为"1000mm"，"高度"为"200mm"，"圆角"为"50mm"，将修改后的对象复制并粘贴两次，如图4-21所示。

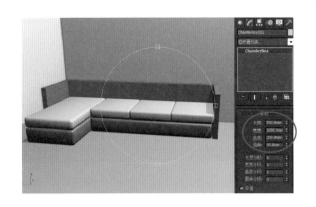

图 4-21　修改并复制垫子

4.4.2　知识与技能

1. 复制对象的常用方法

在建模的时候，需要制作许多属性相同的对象，这时就可以复制对象，不但可以提高制作的速度，而且也利于修改。复制对象的常用方法有以下几种：

（1）使用菜单复制。选中原对象，然后单击"编辑"→"克隆"命令，或者按【Ctrl+C】组合键，复制后的对象和原对象完全重合在一起。

① "复制"选项：对原对象或复制后的对象中的任意一个进行修改都不会影响到另一个对象。以"复制"的方式复制出的对象和原对象是完全独立的，互不影响。

② "实例"选项：对原对象或复制后的对象中的任意一个进行修改，都会影响到另一个对象。以"实例"的方式复制出的对象和原对象是完全关联的，互相影响。

（2）按【Shift】键复制。

（3）使用"镜像"工具复制。

（4）"阵列"对话框，如图 4-22 所示。

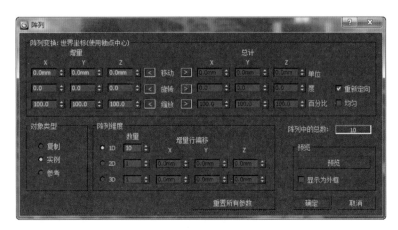

图 4-22　"阵列"对话框

"阵列"工具可以同时复制多个相同的对象，而且可以在复制的过程中进行旋转、缩放，可以进行一维、二维或三维阵列。

"阵列变换"选项区域：用于选择以哪种变换方式来进行阵列。

"对象类型"选项区域：用于选择以哪种方式复制对象。

"阵列维度"选项区域：用于控制阵列的维数是一维、二维或三维。

"阵列中的总数"文本框：显示复制对象的总数量，默认为10。

任务5 餐桌的制作

在3ds Max软件的应用中，很多时候并不能通过软件自带的简单几何体来直接创建模型，而是需要在此基础上通过修改工具或各种命令来创建较为复杂的模型。下面通过餐桌的制作来介绍3ds Max 2016中一些常用的修改命令。

◆ **任务描述**

在餐桌的制作过程中，桌面的制作主要靠几何体的堆砌；中间衔接的部分先画好二维图形，然后使用"挤出"修改器来实现；桌脚则是在长方体的基础上添加了"锥化"效果，制作完一条桌腿后，剩下的三条桌腿只需通过"实例"复制的方式就可以完成。

◆ **任务目标**

（1）能使用"可编辑样条线"工具，通过几何体的堆砌来制作桌子。

（2）能为桌脚添加"锥化"效果。

4.5.1 工作流程

（1）单击"创建"→"几何体"面板 ，单击"标准基本体"卷展栏中的"长方体"按钮，创建一个长方体，设置"长度"为"1400mm"，"宽度"为"700mm"，"高度"为"50mm"，调整位置创建桌面，如图4-23所示。

（2）单击"创建"→"图形"面板 ，单击"对象类型"卷展栏中的"矩形"工具，在顶视图中按住鼠标左键拖曳出一个矩形，设置矩形的"长度"为"1350mm"，"宽度"为"650mm"，如图4-24所示。

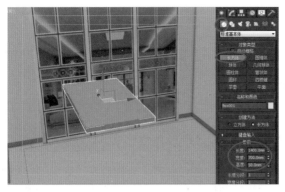

图 4-23　创建桌面

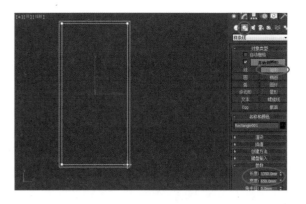

图 4-24　创建矩形

（3）选中刚创建的矩形并右击，在弹出的快捷菜单中单击"转换为"→"转换为可编辑样条线"命令，如图 4-25 所示。

（4）选中"可编辑样条线"堆栈下的"样条线"子对象，进入"样条线"子对象层次，在"几何体"卷展栏中"轮廓"右侧的文本框中输入 20，按【Enter】键确定，如图 4-26 所示。

（5）单击"可编辑样条线"中的样条线，退出子对象选中状态。设置轮廓的值如图 4-26 所示。

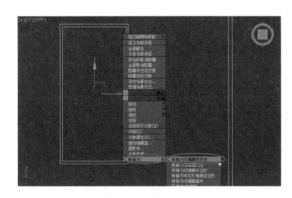

图 4-25　"转换为可编辑样条线"命令

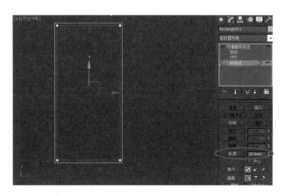

图 4-26　设置轮廓的值

（6）单击"修改器列表"右侧的下拉按钮，从中选择"挤出"修改器。

（7）设置挤出的"数量"为"100mm"。设置"挤出"命令和参数如图 4-27 所示。

（8）调整位置，如图 4-28 所示。

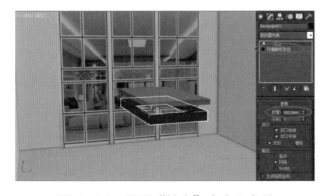

图 4-27　设置"挤出"命令和参数

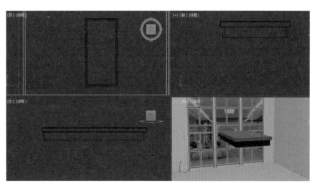

图 4-28　调整位置

（9）单击"创建"→"几何体"面板，单击"标准基本体"卷展栏中的"长方体"按钮，创建一个长方体，设置其"长度"为"110mm"，"宽度"为"110mm"，"高度"为"800mm"，调整位置，创建桌脚，如图4-29所示。

（10）选中桌脚，进入"修改"面板，单击"修改器列表"右侧的下拉按钮，从中选择"锥化"修改器，添加"锥化"命令，如图4-30所示。

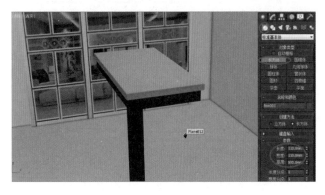

图4-29　创建桌脚

图4-30　添加"锥化"命令

（11）设置锥化的"数量"为"0.45"，如图4-31所示。

（12）在主工具栏中单击"选择并移动"按钮，按住【Shift】键，选中桌脚后水平移动适当距离，松开鼠标后弹出"克隆选项"对话框，在"对象"选项组中选中"实例"单选按钮，单击"确定"按钮，用同样的方法复制另外两条桌脚，如图4-32所示。

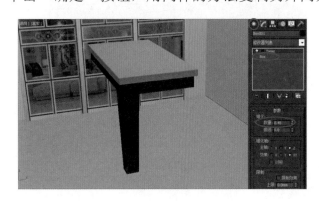

图4-31　设置"锥化"数量

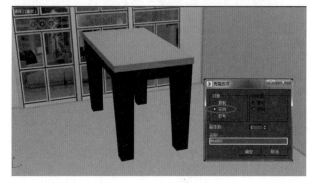

图4-32　复制桌脚

4.5.2　知识与技能

制作了几何体、二维图形等对象后，若要对对象进行二次加工，使其效果更加接近现实场景，就需要用到修改器。3ds Max 2016提供的修改器有多种，下面介绍常用的"锥化"修改器。

"锥化"修改器的功能就是使对象两端产生缩放，在对象的两端产生锥化轮廓变形，一端放大而另一端缩小。"锥化"修改器的"参数"卷展栏如图4-33所示。

其参数含义如下：

"数量"文本框：设置对象锥化的强弱程度。当数量值为-1时，对象的顶端形成尖角锥形；当数量值为1时，顶端变大。

"曲线"文本框：设置对象四周表面向外弯曲的程度。当"曲线"值大于0时，对象表面凸出；当"曲线"值小于0时，对象表面凹陷。

"锥化轴"选项组：提供了3个坐标轴选项，控制锥化效果在哪个坐标轴方向上产生。

"限制"选项组：选中"限制效果"复选框，设置好"上限"和"下限"值，可以限制锥化影响范围。

图 4-33　"锥化"修改器的"参数"卷展栏

任务 6　餐椅的制作

在 3ds Max 2016 的常用建模方法中，有一种是通过绘制二维线条转换成三维模型。即绘制样条线制作出轮廓，然后使用"挤出""车削""放样"等修改器，将其转换成三维模型。

◆　任务描述

本任务的关键点在于餐椅的椅脚图形的绘制。绘制二维图形时，一定要理解节点的几种调整方式。绘制完一条椅脚图形，通过复制、镜像，适当调整节点的位置，就可以得到其他的几条椅脚及椅背的图形，再添加"挤出"工具就可以完成椅子的制作。

◆　任务目标

（1）能使用"线"工具绘制二维图形，然后使用"挤出"修改器制作椅子。

（2）能通过选择节点类型熟练地调整二维图形的形状。

4.6.1　工作流程

（1）单击"创建"→"图形"面板，在"对象类型"卷展栏中单击"线"按钮，在前视图中绘制餐椅的椅脚图形，在弹出的"样条线"对话框中单击"是"按钮，如图 4-34 所示。

（2）选中图形，进入"修改"面板，在"选择"卷展栏中选择"顶点"选项，调整图形形状，如图 4-35 所示。

（3）选中图形，单击"修改器列表"右侧的下拉按钮，从中选择"挤出"修改器。

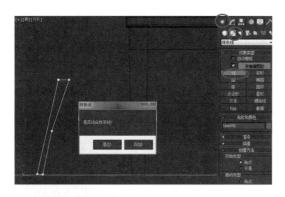

图 4-34　绘制图形

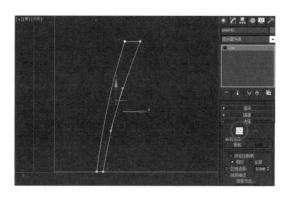

图 4-35　调整图形形状

（4）在"参数"卷展栏中，设置"数量"为"30mm"，如图 4-36 所示。

（5）单击"创建"→"图形"面板，在"对象类型"卷展栏中单击"线"按钮，在前视图中绘制椅背图形，如图 4-37 所示。

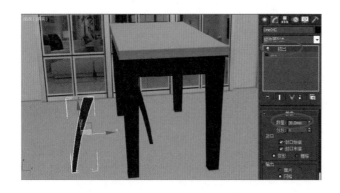

图 4-36　添加"挤出"修改器

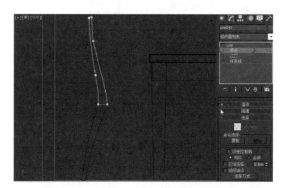

图 4-37　绘制椅背图形

（6）选中椅背图形，单击"修改器列表"右侧的下拉按钮，从中选择"挤出"修改器，设置"挤出"的"数量"为"30mm"，如图 4-38 所示。

（7）在主工具栏中单击"选择并移动"按钮，按住【Shift】键，在左视图中选中餐椅靠背，水平移动适当距离后松开鼠标，弹出"克隆选项"对话框，在"对象"选项组中选中"复制"单选按钮，再单击"确定"按钮，如图 4-39 所示。

图 4-38　添加"挤出"修改器

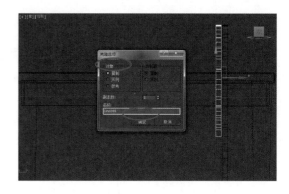

图 4-39　复制

（8）选中复制后的对象，进入"修改"面板![icon]，将"挤出"修改器中的"数量"修改为"340mm"，如图 4-40 所示。

（9）选中餐椅靠背的黑色部分和餐椅的椅脚，单击"选择并移动"按钮![icon]，按住【Shift】键，在左视图中水平移动适当距离后松开鼠标，弹出"克隆选项"对话框，在"对象"选项组中选中"复制"单选按钮，单击"确定"按钮退出，复制后的效果如图 4-41 所示。

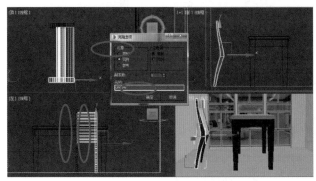

图 4-40　修改"挤出"修改器的参数

图 4-41　复制后的效果

（10）单击"创建"按钮![icon]，选择"扩展基本体"卷展栏中的"切角长方体"按钮，创建一个切角长方体，设置"长度"为"400mm"，"宽度"为"400mm"，"高度"为"50mm"，"圆角"为"20mm"，调整位置，创建餐椅的坐垫，如图 4-42 所示。

（11）同时选中餐椅的两个椅脚，单击"选择并移动"按钮![icon]，按住【Shift】键，水平移动适当距离后松开鼠标，弹出"克隆选项"对话框，在"对象"选项组中选中"实例"单选按钮，单击"确定"按钮退出，如图 4-43 所示。

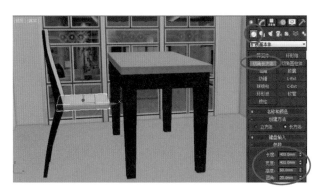

图 4-42　创建餐椅的坐垫

图 4-43　复制餐椅的椅脚

（12）单击主工具栏中的"镜像"按钮![icon]，在弹出的"镜像：世界 坐标"对话框中，在"镜像轴"选项组中选中"X"单选按钮，再单击"确定"按钮，如图 4-44 所示。

（13）将餐椅的椅脚移动到合适的位置，选中餐椅的所有对象，单击"组"→"组"命令，在弹出的"组"对话框中将其命名为"餐椅"，再单击"确定"按钮，如图 4-45 所示。

图 4-44　镜像

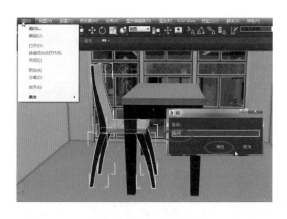

图 4-45　成组

（14）用前面介绍过的"选择并移动" ⬚ 工具，按住【Shift】键，通过移动复制的方法复制 3 把餐椅，椅子方向不对时使用"镜像"工具调整，如图 4-46 所示。

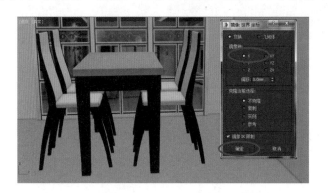

图 4-46　复制餐椅

4.6.2　知识与技能

1．"挤出"修改器

"挤出"修改器的功能是将二维图形沿某个坐标轴的方向挤出，使二维对象产生厚度，最终形成三维模型。"挤出"修改器的"参数"卷展栏如图 4-47 所示，其参数含义如下：

"数量"文本框：设置二维图形挤出的厚度值。

"分段"文本框：设置拉伸的段数。

"封口"选项组：设置是否为三维对象两端加"封口"。选中"封口始端"和"封口末端"复选框，可确定增加三维对象的两端封口。

2．节点类型

在节点上右击，弹出"节点类型"快捷菜单，如图 4-48 所示，其参数含义如下：

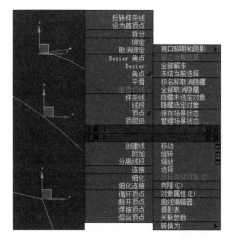

图 4-47　"挤出"修改器的"参数"卷展栏　　　图 4-48　"节点类型"快捷菜单

"Bezier"命令：选择此命令，则视图中的节点显示两个操作控制点，而且直角的曲线切换为弯曲的效果。使用"选择并移动"工具移动左侧的绿色控制点，右侧控制点也会相应移动，使顶点两侧的曲线保持平滑，两个控制点之间保持联动关系。

"Bezier 角点"命令：选择此命令，则视图中的节点显示两个操作控制点。使用"选择并移动"工具移动左侧的绿色控制点，右侧控制点没有变化，两个控制点之间相互独立。

"平滑"命令：选择此命令，则线段自动切换为光滑的曲线。

"角点"命令：选择此命令，则不产生光滑的曲线，顶点两侧是直线。

任务 7　战锤的制作

在各种三维游戏中，游戏道具是非常重要的。游戏道具虽然在很大程度上只是"配角"，但它们也是不可或缺的。好的游戏道具，能突出主要角色的特点，增强游戏的吸引力。为了让游戏运行流畅，需要用最少的面来表现物体，模型的大部分细节可用贴图表现。

◆　**任务描述**

战锤模型的制作可以从制作圆柱体开始，通过修改相关的子对象制作战锤的模型，然后使用"UVW 展开"修改器来设置战锤的贴图，最后编辑多边形，修改或增加战锤模型的细节。

◆　**任务目标**

（1）能熟练地运用可编辑多边形工具来制作游戏道具。

（2）能掌握可编辑多边形建模的常用技巧。

4.7.1　工作流程

为了让游戏运行流畅，需要用最少的面来表现物体，模型的大部分细节可用贴图表现。战锤完成效果如图 4-49 所示。具体制作过程如下：

图 4-49　战锤完成效果

（1）单击"创建"→"几何体"面板■，单击"长方体"按钮，在"创建方法"卷展栏中选择"立方体"选项。在"键盘输入"卷展栏中，设置"长度""宽度""高度"均为"50"，单击"创建"按钮，在前视图中创建一个立方体，如图 4-50 所示。

（2）在新创建的立方体上右击，在弹出的快捷菜单中单击"转换为"→"转换为可编辑多边形"命令，将长方体转换为可编辑多边形，如图 4-51 所示。

图 4-50　创建立方体

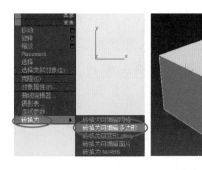

图 4-51　长方体转换为可编辑多边形

（3）在右侧"编辑"面板中，选中"多边形"对象■，按住【Ctrl】键，依次选中立方体的左面、右面及底面，如图 4-52 所示。

（4）在右侧"编辑"面板中，单击"编辑多边形"卷展栏下的"倒角"窗口按钮■，分别设置"倒角类别"为"按多边形"，"高度"为"13"，"轮廓"为"-10"，按"√"按钮确认选择。倒角选择的部分面如图 4-53 所示。

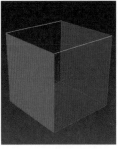

图 4-52　选择左面、右面及底面

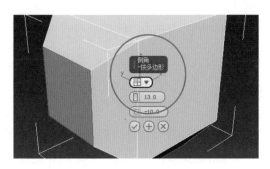

图 4-53　倒角选择的部分面

（5）在右侧"编辑"面板中，选中"顶点"对象 ，按住【Ctrl】键，依次选中立方体左面及右面的各个顶点，如图 4-54 所示。

（6）在右侧"编辑"面板中，单击"编辑顶点"卷展栏下的"切角"窗口按钮 ，设置"顶点切角量"为"9"，按"√"按钮确认选择。切角选择的顶点如图 4-55 所示。

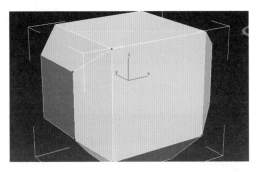

图 4-54　选择左、右两面的顶点

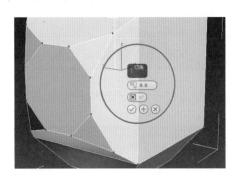

图 4-55　切角选择的顶点

（7）在右侧"编辑"面板中，单击"编辑顶点"卷展栏下的"目标焊接"按钮，依次单击切角生成的顶点中与立方体顶点较近的点及对应的立方体顶点，将两者进行焊接，如图 4-56 所示。

（8）参考以上操作，逐个焊接左、右两面边缘的各组顶点，如图 4-57 所示。

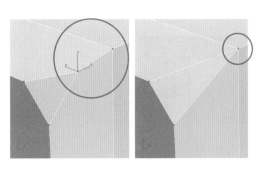

图 4-56　焊接对应的点

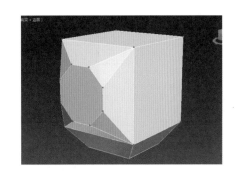

图 4-57　依次焊接各组点

（9）在右侧"编辑"面板中，选中"多边形"对象 ，选择左、右其中一侧的八边形面，在右侧"编辑"面板中，单击"编辑多边形"卷展栏下的"挤出"窗口按钮 ，设置"高度"为"13"，按"√"按钮确认选择。挤出其中一个侧面如图 4-58 所示。

（10）单击工具栏中的"选择并均匀缩放"按钮 ，在弹出的"缩放变换输入"对话框中，设置"偏移"为"185.0"，放大选择面，如图 4-59 所示。

（11）按【Delete】键删除所选面，在右侧"编辑"面板中，选中"边界"对象 ，选择删除面之后余下的边界，按【Shift】键，使用"选择并均匀缩放"工具 ，将边界扩大至 115%，如图 4-60 所示。

（12）在右侧"编辑"面板中，选中"边"对象 ，选择缺口中的顶边与底边，使用"选择并均匀缩放"工具 ，将所选边的宽度扩大至 185%，如图 4-61 所示。

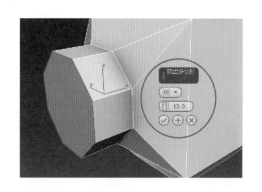
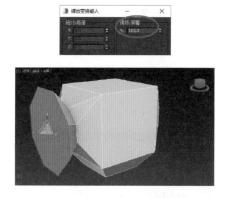

图 4-58　挤出其中一个侧面　　　　　　　　图 4-59　放大选择面

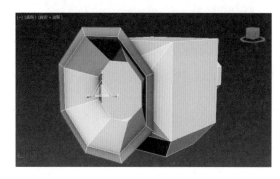
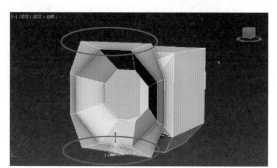

图 4-60　放大边界　　　　　　　　　　图 4-61　扩大边的宽度

（13）参考以上操作，将缺口中的左侧边与右侧边宽度扩大至 185%，如图 4-62 所示。

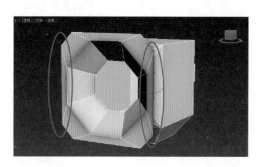

图 4-62　放大左侧边与右侧边的宽度

（14）在右侧"编辑"面板中，选中"边界"对象 ，选择缺口中的边界，按【Shift】键，使用"选择并移动"工具 ，通过移动边界创建新的面，并在界面下方的 X 轴坐标输入框中，将 X 轴坐标参数设为"-64.0"，确定边界位置，如图 4-63 所示。

（15）在右侧"编辑"面板中，单击"编辑边界"卷展栏下的"封口"按钮，将缺口封闭，如图 4-64 所示。

（16）在右侧"编辑"面板中，选中"边"对象 ，选择缺口侧面的其中一条边，单击"选择"卷展栏下的"环形"按钮，选择所有侧边，如图 4-65 所示。

（17）在右侧"编辑"面板中，单击"编辑边"卷展栏下的"连接"窗口按钮 ，设置"分段"为"2"，按" √ "按钮确认选择，如图 4-66 所示。

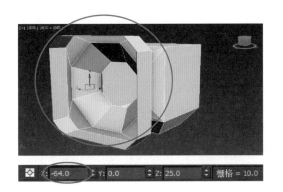

图 4-63　移动边界创建面

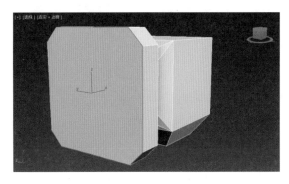

图 4-64　封闭缺口

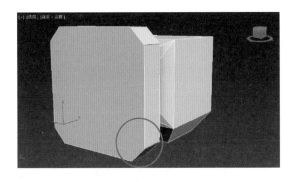

图 4-65　选择所有侧边

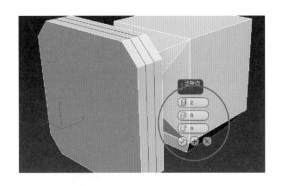

图 4-66　添加分段线

（18）在右侧"编辑"面板中，选中"多边形"对象 ◼，在前视图中框选分段后中间段的所有面。在右侧"编辑"面板中，单击"编辑多边形"卷展栏下的"挤出"窗口按钮 ◻，设置挤出类型为"局部法线"，"高度"为"–2"，按"√"按钮确认选择，如图 4-67 所示。

（19）参考以上操作，完成战锤头部另一侧结构的制作，如图 4-68 所示。

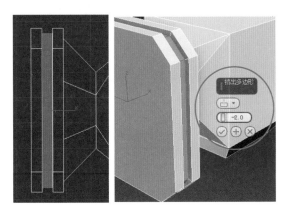

图 4-67　挤出选择面

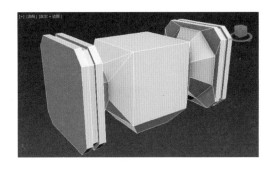

图 4-68　完成战锤头部结构的创建

（20）在右侧"编辑"面板中，选中"多边形"对象 ◼，选择战锤头部结构的底面。在右侧"编辑"面板中，单击"编辑多边形"卷展栏下的"插入"窗口按钮 ◻，设置"数量"为 3，按"√"按钮确认选择，如图 4-69 所示。

（21）单击"编辑多边形"卷展栏下的"挤出"窗口按钮 ◻，设置"高度"为 25，按"√"按钮确认选择，挤出选择面，如图 4-70 所示。

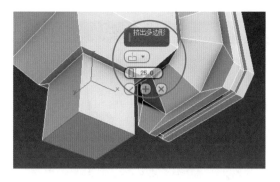

图 4-69　插入选择面　　　　　　　　　图 4-70　挤出选择面

（22）单击"编辑多边形"卷展栏下的"倒角"窗口按钮■，设置"高度"为5，设置"轮廓"为-6，按"√"按钮确认选择。倒角选择面如图4-71所示。

（23）参考以上操作，单击"编辑多边形"卷展栏下的"挤出"窗口按钮■，设置"高度"为35，按"√"按钮确认选择；单击"编辑多边形"卷展栏下的"倒角"窗口按钮■，设置"高度"为4，设置"轮廓"为5，按"√"按钮确认选择。挤出与倒角的选择面1如图4-72所示。

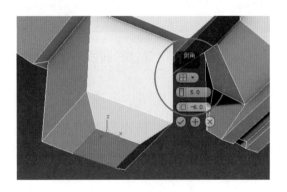

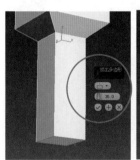
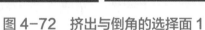

图 4-71　倒角选择面　　　　　　图 4-72　挤出与倒角的选择面 1

（24）单击"编辑多边形"卷展栏下的"挤出"窗口按钮■，设置"高度"为25，按"√"按钮确认选择；单击"编辑多边形"卷展栏下的"倒角"窗口按钮■，设置"高度"为4，设置"轮廓"为-5，按"√"按钮确认选择。挤出与倒角的选择面2如图4-73所示。

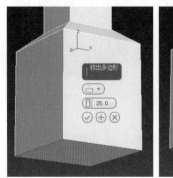

图 4-73　挤出与倒角的选择面 2

（25）单击"编辑多边形"卷展栏下的"挤出"窗口按钮■，设置"高度"为40，按"√"

按钮确认选择；单击"编辑多边形"卷展栏下的"倒角"窗口按钮 ，设置"高度"为 7，设置"轮廓"为 6，按"√"按钮确认选择。挤出与倒角的选择面 3 如图 4-74 所示。

（26）单击"编辑多边形"卷展栏下的"倒角"窗口按钮 ，设置"高度"为 28，设置"轮廓"为 4，按"√"按钮确认选择；继续单击"编辑多边形"卷展栏下的"倒角"窗口按钮 ，设置"高度"为 7，设置"轮廓"为-7，按"√"按钮确认选择，完成战锤握柄部分的制作，如图 4-75 所示。

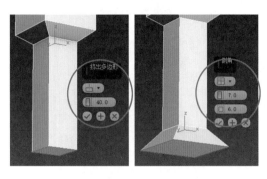

图 4-74　挤出与倒角的选择面 3　　　　图 4-75　倒角选择面

4.7.2　知识与技能

1. 目标焊接

选中"顶点"对象 ，在"编辑顶点"卷展栏中单击"目标焊接"按钮，先选择第一个点，再选择第二个点，可以在第二个点的位置将两者合并，如图 4-76 所示。

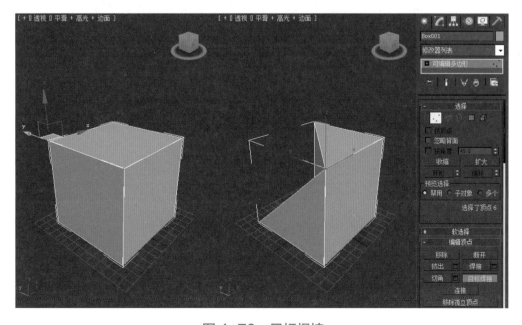

图 4-76　目标焊接

2. 连接

选中"边"对象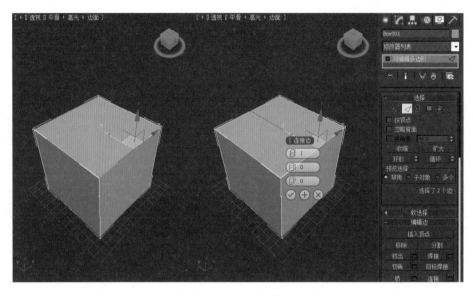，选择任意两条平行边，在"编辑边"卷展栏中单击"连接"按钮，在选中的线之间产生连接线，可通过连接分段数设置连接线的数量，如图 4-77 所示。

图 4-77　连接

3. 挤出

选中"多边形"对象，选择任意多边形，在"编辑多边形"卷展栏中单击"挤出"按钮，使该多边形突出，形成新的结构，可以通过设置挤出类型与数量来调整挤出的效果与程度，如图 4-78 所示。

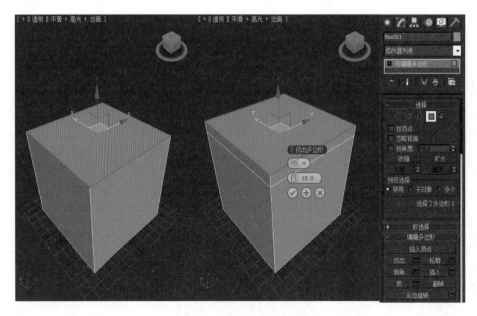

图 4-78　挤出

任务 8　纸盒贴图的制作

在 3ds Max 中创建的三维物体本身不具备表面特征。要让模型具有真实的表面材料效果，必须给模型设置相应的材质和贴图，才能使场景中的对象呈现出具有真实质感的视觉特征，看上去像是真实世界中的物体。

◆　**任务描述**

设定材质和贴图的标准就是：以真实世界的物体为依据，真实表现物体材质的属性。这个纸盒的呈现是比较简单的，只需要给长方体的各个面都赋上相应的贴图即可。本任务使用"UVW 展开"修改器制作纸盒贴图。

◆　**任务目标**

（1）能熟练地使用"UVW 展开"修改器来正确地设置贴图。

（2）能使用"自由形式模式"按钮调整贴图的区域和大小。

4.8.1　工作流程

（1）选择场景中的纸盒模型，选中对应的材质球，设置"漫反射贴图"，单击"在视口中显示标准贴图"按钮▨，如图 4-79 所示。

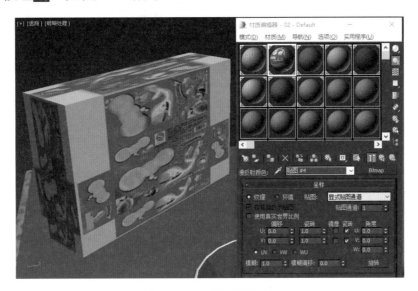

图 4-79　漫反射贴图

（2）进入"修改"面板▨，给模型添加"UVW 展开"修改器，如图 4-80 所示。

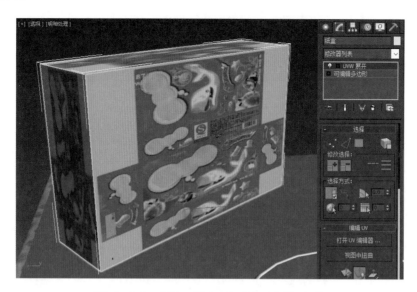

图 4-80　添加"UVW 展开"修改器

（3）单击"UVW 展开"前面的按钮█，单击"面"，单击"编辑 UV"卷展栏中的"打开 UV 编辑器"按钮，弹出"编辑 UVW"窗口，如图 4-81 所示。

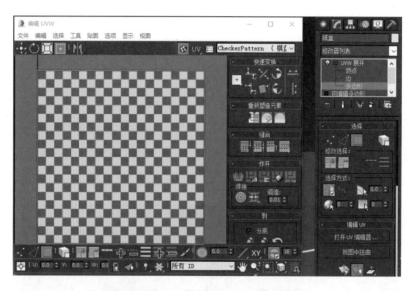

图 4-81　"编辑 UVW"窗口

（4）单击"编辑 UVW"窗口中的下拉按钮，选择纸盒贴图，在窗口中显示贴图，如图 4-82 所示。

（5）在视图中选择模型前面的面，在"编辑 UVW"窗口中，单击"自由形式模式"按钮 █，调整贴图的区域和大小。如图 4-83 所示调整正面贴图。

（6）在视图中选择侧面，在"编辑 UVW"窗口中，单击"自由形式模式"按钮█，调整贴图的区域和大小。如图 4-84 所示调整侧面贴图。

（7）在视图中选择顶面，在"编辑 UVW"窗口中，单击"自由形式模式"按钮█，调整贴图的区域和大小。如图 4-85 所示调整顶面贴图。

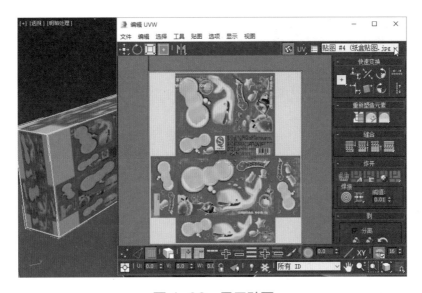

图 4-82　显示贴图

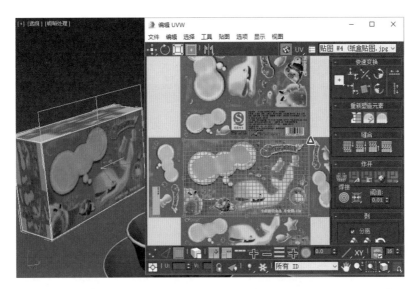

图 4-83　调整正面贴图

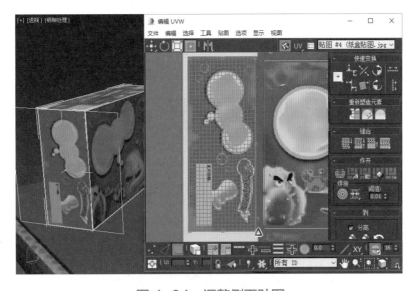

图 4-84　调整侧面贴图

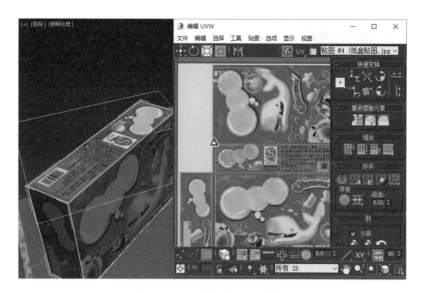

图 4-85　调整顶面贴图

（8）按照同样的方法，完成其余三个面的贴图调整，如图 4-86 所示。

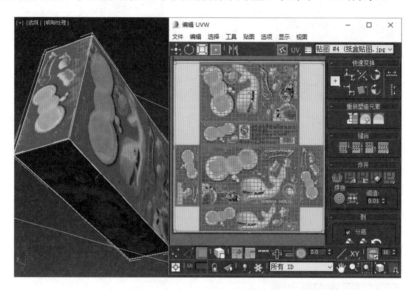

图 4-86　完成贴图调整

（9）单击工具栏中的"渲染产品"按钮，设置贴图后的盒子效果，如图 4-87 所示。

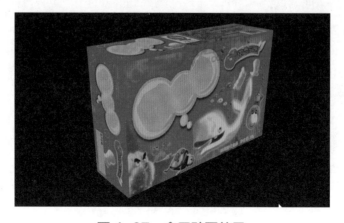

图 4-87　盒子贴图效果

4.8.2　知识与技能

1. 赋予材质

方法一：选择场景中的物体，单击"材质编辑器"工具栏中的"将材质指定给选定的对象"按钮。

方法二：直接将设置好材质的材质球拖曳至场景中的模型上。

2. 获取材质

单击"从对象拾取材质"按钮，在视图中拾取对象，对象上的材质将会被拾取到选定的材质球上。

任务 9　添加灯光系统

一个三维模型无论建得多么精细，最后都需要被赋予合适的材质才能呈现出丰富的表面材质效果。而灯光的配置也是构成场景的重要部分，在造型及材质已经确定的情况下，灯光效果的好坏直接影响场景的整体效果。

◆　**任务描述**

默认情况下，在 3ds Max 软件中系统会自带灯光系统，当另外设置灯光后，系统自带的灯光系统将失效。设置灯光时需要用到主光、补光，因此只有合理地布光才能达到理想的效果。下面通过夜景的制作详细地介绍灯光的使用方法。

◆　**任务目标**

（1）能熟练地掌握常用灯光的参数设置。

（2）能正确地运用主光、补光进行合理布光。

4.9.1　工作流程

（1）打开提供的素材场景，素材效果图如图 4-88 所示。接下来要为该场景设置灯光。

（2）单击"创建"面板 "灯光" 类别中"标准"下的"目标聚光灯"按钮，在左视图中按住鼠标左键，拖曳出一个目标聚光灯的图标，目标点要落在地面上，释放鼠标左键，创建一盏目标聚光灯，如图 4-89 所示。

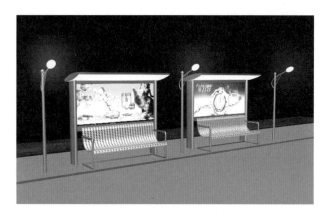

图 4-88　素材效果图

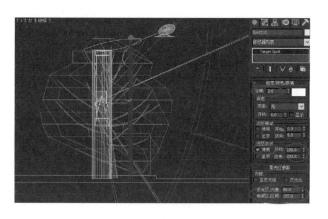

图 4-89　创建聚光灯

（3）在"强度/颜色/衰减"卷展栏下，将"倍增"文本框的值设置为"2.0"。

（4）在"远距衰减"选项区域中，选中"使用"复选框，将"开始"文本框的值设为"150"，"结束"文本框的值设为"220"，如图 4-90 所示。

（5）将"聚光区/光束"文本框的值设为"80"，"衰减区/区域"文本框的值设为"122"，选中"矩形"单选按钮。

（6）用同样的方法在灯箱的后方创建一盏目标聚光灯，将"倍增"的值设置为"3.0"，其他参数同上，如图 4-91 所示。

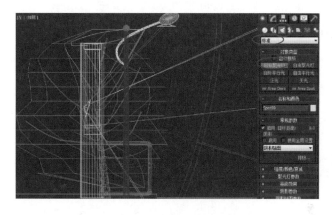

图 4-90　设置聚光灯参数

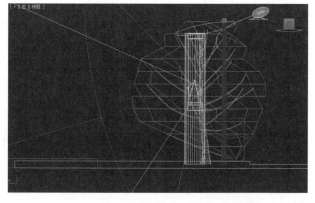

图 4-91　创建灯箱后方的聚光灯

（7）在前视图中将这两盏灯移到左灯箱的中间，分别照亮灯箱的前方和后方。

（8）选中这两盏灯，在前视图中，单击"选择并移动"工具，在按住【Shift】键的同时拖动鼠标将其沿 X 轴移动到右灯箱的中间后释放鼠标左键，在打开的"克隆选项"对话框中选中"复制"单选按钮（默认选项），将"副本数"设置为"1"，如图 4-92 所示，然后单击"确定"按钮。

（9）单击"目标聚光灯"按钮，在左视图中的灯泡位置创建一盏目标聚光灯，将"倍增"文本框的值设置为"1.2"。

（10）在"远距衰减"选项区域中，选中"使用"复选框，将"开始"的值设为"12"，"结束"的值设为"300"。

（11）将"聚光区/光束"文本框的值设为"0.5"，"衰减区/区域"文本框的值设为"152"，如图 4-93 所示。

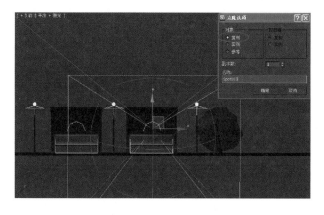

图 4-92 复制灯光

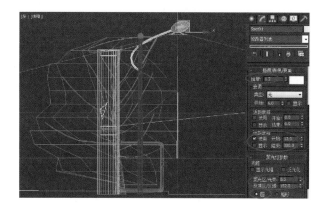

图 4-93 创建聚光灯

（12）在前视图中，将灯泡位置的聚光灯再复制两个，并分别移动到指定位置，如图 4-94 所示。

（13）单击"灯光" 类别中的"泛光灯"按钮，创建 3 个泛光灯，在"强度/颜色/衰减"卷展栏下，将"倍增"文本框的值设置为"0.6"，如图 4-95 所示。

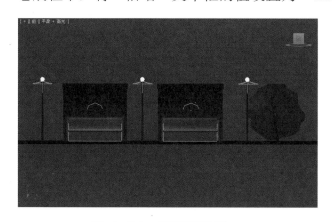

图 4-94 复制聚光灯

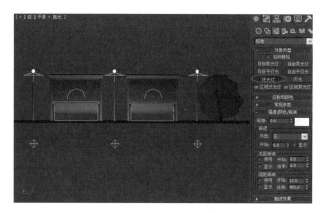

图 4-95 创建泛光灯

（14）按【F9】快捷键，渲染后的最终效果如图 4-96 所示。

图 4-96 渲染后的最终效果

4.9.2　知识与技能

1. 灯光介绍

在默认状态下，3ds Max 2016 系统提供了两盏灯光以照亮场景，如果用户创建了新的灯光，系统中的默认灯光就会自动关闭。

3ds Max 2016 系统提供了以下 8 种光源：目标聚光灯、自由聚光灯、目标平行光、自由平行光、泛光灯、天光、mr 区域泛光灯和 mr 区域聚光灯。

2. 灯光常用参数解释

因为所有灯光的属性都大体相同，所以下面以目标聚光灯为例，介绍灯光的常用参数。

"常规参数"卷展栏：

"启用"复选框：用于灯光的开关控制，如果暂时不需要此灯光的照射，可以将其关闭。

"阴影"选项区域：设置阴影的计算方式。

"启用"复选项：选中此复选框，使灯光产生阴影，其下的区域是阴影类型选择区。

"排除"按钮：允许指定对象不受灯光照射的影响。

考核评价

◆　**考核项目**

运用所学知识完成小青蛙的制作和贴图的设置。小青蛙的制作效果如图 4-97 所示。

图 4-97　小青蛙的制作效果

◆　**评价标准**

根据项目任务的完成情况，从以下几个方面进行评价，并填写表 4-1。

（1）方案设计的合理性（10 分）。

（2）设备和软件选型的适配性（10分）。

（3）设备操作的规范性（10分）。

（4）小组合作的统一性（10分）。

（5）项目实施的完整性（10分）。

（6）技术应用的恰当性（10分）。

（7）项目开展的创新性（20分）。

（8）汇报讲解的流畅性（20分）。

表 4-1 评价记录表

序号	评价指标	要求	评分标准	自评	互评	教师评
1	方案设计的合理性（10分）	各小组按照项目内容，对项目进行分解，组内讨论，完成项目的方案设计工作	方案合理，得8~10分； 方案需要优化，得5~7分； 方案不合理，需要重新讨论后设计新方案，得0~4分			
2	设备和软件选型的适配性（10分）	各小组根据方案，对设备和软件进行选择和应用	选择操作简便，应用简单的设备和软件，得8~10分； 满足项目要求，但操作不简便，得5~7分； 重新选择得0~4分			
3	设备操作的规范性（10分）	各小组根据设备和软件的选型进行操作	能够规范操作选型设备和软件，得8~10分； 没有章法，随意操作，得5~7分； 不会操作，胡乱操作，得0~4分			
4	小组合作的统一性（10分）	各小组根据项目执行方案，小组内分工合作，完成项目	分工合作，协同完成，得8~10分； 组内一半人员没有参与项目完成，得5~7分； 一人完成，其他人没有操作，得0~4分			
5	项目实施的完整性（10分）	各小组根据方案，完整实施项目	项目实施，有头有尾，有实施，有测试，有验收，得8~10分； 实施中，遇到问题后项目停止，得5~7分； 实施后，没有向下推进，得0~4分			
6	技术应用的恰当性（10分）	项目实施使用的技术，应当是组内各成员都能够熟练掌握的，而不是仅某一个人或者几个人会应用	实现项目实施的技术全部都会应用，得8~10分； 组内一半人会应用，得5~7分； 只有一个人会应用，得0~4分			
7	项目开展的创新性（20分）	各小组领到项目后，要对项目进行分析，采用创新的手段完成项目，并进行汇报、展示	实施具有创新性，汇报得体，得16~20分； 实施具有创新性，但是汇报不妥当，得10~15分； 没有创新性，没有汇报，得0~9分			
8	汇报讲解的流畅性（20分）	各小组要对项目的完成情况进行汇报、展示	汇报展示使用演示文档，汇报流畅，得16~20分； 没有使用演示文档，汇报流畅，得10~15分； 没有使用演示文档，汇报不流畅，得0~9分			
总 分						

小组成员：＿＿＿＿＿＿＿＿＿＿＿＿＿＿＿＿＿＿＿＿＿

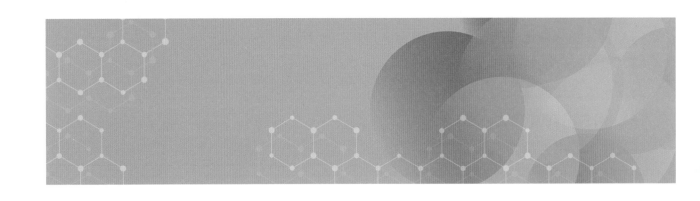

模块 6　数字媒体创意

　　数字时代的到来使数字媒体成为继语言文字和电子技术之后的最新信息载体。除了各类门户网站和专业网站，这些数字媒体载体还包括数字化的文字、图形、图像、声音、视频影像和动画等，它们创造了全新的信息传播方式和艺术样式。全球数十亿网民接触到了丰富多彩的电子游戏、数字视频、数字出版物、网络购物等。随着虚拟现实技术及我国在5G 领域的快速发展，异彩纷呈的数字新媒体不断涌现，也让我们对数字时代充满了无限憧憬和想象。

职业背景

　　在经历了数字媒体初现带来的新鲜与惊奇之后，利用新兴的数字媒体形式来达到高效的传播效果、未来的数字媒体环境的发展趋势，这一切都将由我们对数字媒体环境的了解及数字媒体创意应用的能力来决定。

学习目标

1. 知识目标

　　（1）了解数字媒体作品创作的基本操作方法。

　　（2）熟悉创意稿、脚本的基本组成部分的名称。

　　（3）掌握素材选取的方法。

　　（4）掌握数字媒体作品发布的基本流程和规范。

2. 技能目标

　　（1）会根据业务需求确定创作主题，并编写数字媒体作品的制作脚本。

　　（2）能依据脚本采选、加工素材，选择合适的软件工具和模板制作数字媒体作品。

（3）会发布数字媒体作品或搭建虚拟现实应用环境。

3. 素养目标

（1）具有自主学习和迁移创新能力，在学习过程中培养团队协作与客户服务意识。

（2）养成规范操作的职业习惯，具有良好的信息安全意识、保密意识、节能意识。

任务 1　数字视频制作

随着互联网的发展，数字视频拍摄、制作、上传的门槛大大降低，数字视频的制作需求已经迎来了爆发式增长。国内主流传统媒体都在积极上线视频聚合平台。目前，除传统意义上的新闻资讯外，生活服务、健康知识、历史探索、娱乐视频等泛资讯大规模进入新媒体内容生态。

◆　任务描述

本节内容主要介绍数字视频的制作流程及方法，包括编写创意脚本、整理素材、剪辑视频、制作视频包装和数字视频发布。

◆　任务目标

（1）熟练掌握影视编辑软件使用的基本操作。

（2）根据数字视频的主题，编写创意文案及脚本。

（3）根据创意文案和镜头脚本，进行素材分类选取，并能根据镜头脚本，对选取的素材进行剪辑。

（4）根据主题合理选择背景音乐，并进行音画合成。

（5）根据镜头脚本的描述，合理进行特效制作。

（6）能够根据网络平台不同的要求，进行数字视频作品的发布。

6.1.1　编写创意脚本

创意是数字视频制作的核心，在信息时代的今天，优秀的数字媒体创意，可使视频作品在众多网络信息中脱颖而出，凸显个性，闪烁锋芒。

脚本是数字视频制作的灵魂，脚本一直是电影、戏剧创作中的重要一环。脚本也是故事的发展大纲，用以确定整个作品的发展方向和拍摄细节。

◆ **任务描述**

在本节内容中，我们将一起编写一份带有创作主题的分镜头脚本，进而掌握视频脚本的编写技巧，并体验视频拍摄和视频制作的前期准备。

◆ **任务目标**

（1）能够根据主题编写创意文案（如图 6-1 所示为大纲样张）。

（2）能够围绕创意文案编写视频脚本（如图 6-2 所示为视频脚本）。

（3）课后作业：确立创作视频的主题并根据主题完成文案及脚本编写。

上海自然博物馆的展示以"自然·人·和谐"为主题，以"演化"为主线，从"过程"、"现象"、"机制"和"文化"入手，"演化的乐章"、"生命的画卷"、"文明的史诗"三大主题板块下设十个常设主题展区，阐述自然界中纵横交错、相辅相成的种种关系。

"演化的乐章"将回溯自然界波澜壮阔、跌宕起伏的演化历程，引领公众了解宇宙和地球的由来以及生命演化过程中的大事件，剖析生命演化的内在机制。

"生命的画卷"将带领公众走进多姿多彩的生命世界，让他们在领略自然界的神奇与美丽的同时，了解各种生物为了生存和繁衍而演化出基于各种关系的"智慧"。

"文明的史诗"将带领公众回溯人类文明的兴衰历程，阐释人类在起源、发展、兴替过程中与自然环境的依存关系，体现文化多样性与环境多样性之间的密切关系；帮助公众认识在文明发展的不同阶段人类与自然环境之间的"冲突与和谐"，感悟认识自然、尊重自然，与自然和谐相处，是人类和人类文明可持续发展的前提。

图 6-1 大纲样张

	A	B	C	D	E	F	G
1	镜头	景别	镜头运动方式	时长	画面	音乐	备注
2	1		特效镜头	3秒	蓝色背景上三角形旋转并缩小	背景音乐	
3	2	全景	固定镜头	3秒	俯拍博物馆大厅	背景音乐	
4	3	中景	运动镜头 摇	4秒	大厅里的恐龙骨架	背景音乐	
5	4	特写	固定镜头	3秒	恐龙头骨的特写	背景音乐	…
6	5	…	…	…	…	…	…

图 6-2 视频脚本

6.1.1.1 工作流程

1. 确立创意主题并编写文案

（1）确立创意主题，根据主题在"自然博物馆"中选择合适的资料。

（2）对选择的资料进行亮点分析。

（3）按照创意主题，进行文案写作，融入选择的资料。

（4）使用精练的语言概括故事背景。

（5）概述说明作品的一些基本情况：片名、时长及规格等。

（6）使用简短精悍的文字说明作品的创意及亮点。

2. 根据文案编写视频脚本

（1）将创意文案描绘的画面内容转换成可供拍摄的画面镜头，并按顺序列出镜头的镜号。

（2）确定每个镜头的景别，如远、全、中、近、特等。排列组成镜头组，并说明镜头组接的技巧。

（3）用精练、具体的语言描述出要表现的画面内容，必要时可借助图形和符号表达。

（4）编写相应镜头组的解说词。

（5）编写相应镜头组或段落的音乐与音响效果，如图 6-3 所示为脚本样张。

	A	B	C	D	E	F	G
1	镜头	景别	镜头运动方式	时长	画面	音乐	备注
2	1		特效镜头	3秒	蓝色背景上三角形旋转并缩小	背景音乐	
3	2	全景	固定镜头	3秒	俯拍博物馆大厅	背景音乐	
4	3	中景	运动镜头　摇	4秒	大厅里的恐龙骨架	背景音乐	
5	4	特写	固定镜头	3秒	恐龙头骨的特写	背景音乐	…
6	5	…	…	…	…	…	…

图 6-3　脚本样张

6.1.1.2　知识与技能

1. 创意文稿

（1）开场部分。

开场部分在数字视频中具有很重要的地位，它的作用是吸引观众的注意力，引起观众的兴趣。开头部分不宜过长，通过几个镜头、几句解说来突出主题。

开场常用的方法如下。

① 开门见山，直接进入主题。

② 提出问题，形成悬念。这种方法带有启发性、思考性。

③ 安排序幕，烘托气氛。这种开场方法也是常用的方法，它的作用是通过要表达和说明的问题，引出主题，给观众留下深刻印象。

（2）正片部分。

正片部分是数字视频的主要内容，是全片的重点和中心，不管采用什么呈现方式，都应做到以下几点。

① 循序渐进，逐步深入。即不断提出问题，解决问题，按一定的逻辑顺序，逐步深入地揭示问题。

② 层次清楚，段落分明。必要时可用字幕的标题分隔，让人很容易理解各层次之间的联系。每个层次可用几个段落来表达，段落与段落之间又要相互联系。

③ 详略得当，快慢适宜。内容表述的详略，直接关系到对主题的体现，详略得当能使全片中心明确、重点突出、结构紧凑，为此重点内容部分要详写，相关的其他内容要略写。

④ 过渡自然，前后照应。过渡是指上下文之间的衔接转换，镜头组接中内容过渡后内容的关照呼应。过渡一般是指各层次、段落之间的过渡和转换。

（3）片尾部分。

片尾也是数字视频制作的重要组成部分。结尾常用的方法有以下几种。

① 总结全片，点题。

② 提出问题，发人深思。好的结尾要做到简洁有力。

2. 脚本

脚本一直是数字视频创作中的重要一环。脚本可以说是故事的发展大纲，用以确定整个作品的发展方向和拍摄细节，也是我们拍摄视频的依据。一切参与视频拍摄、后期剪辑人员，包括摄影师、演员、服饰化妆道具的准备人员、剪辑师等，他们的一切行为和动作都是服从于脚本的。

（1）脚本的作用。

① 提高拍摄效率。

脚本最重要的作用就是可以提高团队的效率。只有事先确定好拍摄的主题、故事等，团队才能有清晰的目标。明确要拍摄的角度、时长等要素，摄影师才能完成拍摄任务。另外，脚本还保证了影片中道具能够提前备好，使拍摄能按时进行，极大地节省了团队制作的时间。

② 降低沟通成本，方便团队合作。

脚本是团队进行合作的依据，通过脚本，演员、摄影师、后期剪辑人员能快速地领会团队的目的，减少团队的沟通成本。

（2）脚本中包含的元素。

一般的脚本中至少包括以下几方面内容。

① 镜头运动方式：主要分为固定镜头、运动镜头，运动镜头又包括推、拉、摇、移、跟等。

② 景别：主要分为远景、全景、中景、近景和特写。

③ 内容：主要指拍摄的详细内容。

④ 镜头时长：主要讲的是此镜头片段所要用的时长，一般以秒为单位。

6.1.2 整理素材

整理素材以脚本的内容为出发点，进行合适素材的整合与分类，整理出所需要的视频素材资源。

◆ **任务描述**

在本节内容中，我们将根据脚本导入合适的素材，并完成视频的粗剪工作。

◆ **任务目标**

（1）能够根据分镜头脚本导入相应素材。

（2）能够使用素材完成粗剪工作。

（3）课后作业：导入并挑选素材，新建动态故事板并完成粗剪工作。

6.1.2.1　工作流程

1. 挑选并导入素材

【操作录屏请见操作视频——6.1.2 挑选并导入素材】

（1）打开 Premiere 软件，双击左下角素材框的空白处。在弹出的"导入"对话框中选择"自然博物馆"文件夹，单击"导入文件夹"按钮，如图 6-4 所示。

（2）单击素材框左下角的■切换为图标视图，如图 6-5 所示。

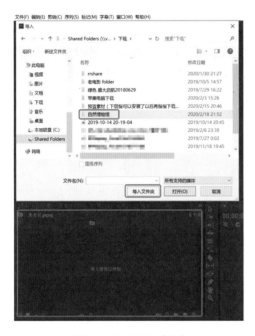

图 6-4　导入素材　　　　　　　　　　　　图 6-5　切换为图标视图

（3）双击打开素材框中的"自然博物馆"，根据分镜头脚本挑选出需要的视频素材，并将其拖出文件夹，如图 6-6 所示。

图 6-6　挑选需要的视频素材并将其拖出文件夹

2. 完成粗剪制作

【操作录屏请见操作视频——6.1.2 完成粗剪制作】

（1）按照分镜头编写的镜头顺序为视频素材排序，如图 6-7 所示。

（2）全选排好序的视频素材，拖至素材框右下角第 4 个"新建"按钮处，新建动态故事版，完成粗剪工作，如图 6-8 所示。

图 6-7　为视频素材排序

图 6-8　新建动态故事版

6.1.2.2　知识与技能

1. 导入图像序列

Premiere 可以导入包含在单个文件中的动画，如动画 GIF。也可导入静止图像文件序列，例如 TIFF 序列，并自动将它们组合到单个视频剪辑中，每个静止图像将变为视频中的一帧。

导入是指在序列中寻找并选中首个编号文件，选择"图像序列"，然后单击"打开"按钮，就可将该图像序列导入。

2. 导入 Photoshop 文件

Premiere 会导入在 Photoshop 原始文件中应用的属性，包括位置、不透明度、可见性、透明度（Alpha 通道）、图层蒙版、调整图层、普通图层效果、图层剪切路径、矢量蒙版及剪切组等属性。

通过"导入分层的 Photoshop 文件"功能，可方便地在 Premiere 中使用在 Photoshop 中创建的图形。当 Premiere 将 Photoshop 文件作为未合并的图层导入时，文件中的每个图层都将变成素材箱中的单个剪辑。

3. 导入 Illustrator 图像

Premiere 可将基于路径的 Illustrator 作品转换为 Premiere 使用的基于像素的图像格式，该过程称为像素化。Premiere 可自动对 Illustrator 作品的边缘进行抗锯齿或平滑处理。

Premiere 还会将所有空白区域转换为 Alpha 通道，使空白区域变透明。

6.1.3 剪辑视频

剪辑是经过对画面反复推敲后，进行更为细致的精剪。所有的片段经过精剪之后，在整个剪辑过程中，既要保证镜头与镜头之间叙事的自然、流畅、连贯，又要突出镜头的内在表现。

◆ **任务描述**

在本节内容中，我们将根据先前完成的粗剪视频，再将图片、视频及背景音乐进行重新剪辑、整合、编排，从而生成一个新的视频文件。

◆ **任务目标**

根据任务内容的描述可知需要制作的是宣传片，本次宣传片需要突出的是自然博物馆的特点，据此确定宣传片的制作任务目标如下。

（1）掌握三点剪辑、四点剪辑及一些剪辑工具的使用。

（2）能够给视频添加视频过渡。

（3）课后作业：使用上述工具对视频进行精剪。

6.1.3.1 工作流程

1. 使用三点剪辑添加视频素材

【操作录屏请见操作视频——6.1.3 使用三点剪辑添加视频素材】

（1）双击选中想要添加的视频素材。

（2）在右上角的素材预览框中，使用入点、出点工具裁剪出视频素材中想要使用的部分，如图 6-9 所示。

图 6-9 使用入点、出点工具裁剪视频素材

（3）将时间轴左上角的"播放指示器位置"调整至想要该视频素材开始的位置，单击素材

预览框的"插入"按钮，完成三点剪辑，如图6-10所示。

图6-10 单击素材预览框的"插入"按钮

2．使用剪辑工具编辑视频素材

【操作录屏请见操作视频——6.1.3使用剪辑工具编辑视频素材】

（1）根据主题合理选择背景音乐。

（2）双击右下角素材框的空白处，导入背景音乐，将背景音乐拖入时间轴A1轨道。将所有视频素材移动到3秒06帧之后，预留出片头的位置，如图6-11所示。

（3）将鼠标放在A1轨道边缘，拖动以调整轨道高度，方便查看音频鼓点，如图6-12所示。可以通过键盘右上方的加减号键来放大或缩小时间轴。

图6-11 将所有视频素材移动到3秒06帧之后

图6-12 调整轨道高度

（4）使用时间轴左侧工具栏中的"波纹编辑工具"拖动视频素材的连接处，使视频素材切换的时间节点与背景音乐的鼓点一致，如图6-13所示。

图6-13 使用时间轴左侧工具栏中的"波纹编辑工具"拖动视频素材的连接处

图 6-14　使用"外滑工具"修改单个视频素材剪辑的入点和出点前移或后移相同的帧数

（5）单击节目监视器中的播放键观看视频素材，可使用时间轴左侧工具栏中的"外滑工具"修改单个视频素材剪辑的入点和出点前移或后移相同的帧数，如图 6-14 所示。

（6）若有个别视频素材切换的时间节点与背景音乐的鼓点不一致，可使用时间轴左侧工具栏中的"波纹编辑工具"，向左或向右拖动某个视频素材，将时间节点调整到正确位置，如图 6-15 所示。

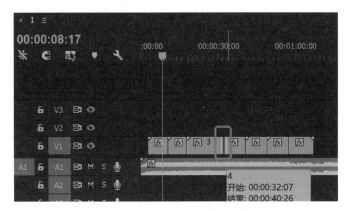

图 6-15　使用"波纹编辑工具"向左或向右拖动某个视频素材

（7）若想保留个别整段的视频素材，可使用时间轴左侧工具栏中的"比率拉伸工具"，对视频素材进行加速或放慢，以调整视频素材长度，如图 6-16 所示。

（8）单击节目监视器中的播放键观看视频素材，若感觉视频切换太过突兀，可为视频添加视频过渡特效。在左下角"效果"面板——"视频过渡"文件夹中有许多不同的视频过渡效果，选中想要的效果拖至时间轴面板上的视频素材连接处即可为其添加视频过渡，如图 6-17 所示。

图 6-16　使用"比率拉伸工具"　　　　图 6-17　"效果"面板—视频过渡
　　对视频素材进行加速或放慢

3. 使用四点剪辑添加视频素材

【操作录屏请见操作视频——6.2.3使用四点剪辑添加视频素材】

（1）双击选中想要添加的视频素材。在右上角的素材预览框中，使用入点/出点工具裁剪出视频素材中想要使用的部分。

（2）在时间轴面板中使用入点/出点工具裁剪出想要素材放置的位置，如图 6-18 所示。

（3）单击素材预览框中的"覆盖"按钮，根据需求选择选项，如图 6-19 所示，单击"确定"按钮，插入时间轴。

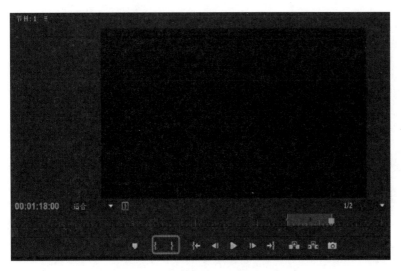

图 6-18　在时间轴面板中使用
入点/出点工具裁剪

图 6-19　单击"覆盖"按钮，
根据需求选择选项

6.1.3.2　知识与技能

1. 剪辑工具

轨道选择工具：可选择序列中位于光标右侧的所有剪辑。

波纹编辑工具：可修剪"时间轴"内某剪辑的入点或出点。

滚动编辑工具：可在"时间轴"内的两个剪辑之间滚动编辑点。

速率拉伸工具：可通过加速"时间轴"内某剪辑的回放速度缩短该剪辑，或通过减慢回放速度延长该剪辑。

外滑工具：可同时更改"时间轴"内某剪辑的入点和出点，并保持入点和出点之间的时间间隔不变。

内滑工具：可将"时间轴"内的某个剪辑向左或向右移动，同时修剪其周围的两个剪辑。

2．三点剪辑和四点剪辑

在时间线上插入一段剪辑出的素材时，需要涉及 4 个点，即素材的入点、出点、在时间上插入或覆盖的入点、出点。

在三点编辑中，标记两个入点和一个出点，或者标记两个出点和一个入点，无须主动设置第四个点，Premiere 可通过其他三个点自动推算出来。

在四点编辑中，需要标记素材的入点和出点及时间轴上的入点和出点。当素材和时间轴中的开始和结束帧都至关重要时，四点编辑会很有用。如果标记的素材和时间轴上持续时间不同，Premiere 会针对差异提出警告，并提供备选的解决方案。

3．常用的视频过渡

使用好视频转场效果，可让视频过渡平滑而不显得突兀。特别是在前期拍摄的素材不匹配的情况下，转场效果显得尤为重要。以下是一些比较常用的视频过渡方法。

（1）叠化。

叠化效果是最常用的一种视频转场效果，是从上一个镜头渐渐叠化淡入下一个镜头。叠化一般表现时间流逝或空间的转换，再者就是在剪辑时两段素材出现不匹配或跳闪的情况下用来消除过渡的突兀感。快速叠化可以迅速将观众带入下一个场景，而慢速叠化可以带给观众强烈的时间流逝感。

实现方法：在"效果"面板中找到"视频过渡"→"溶解"→"交叉溶解"效果，将其拖放到两段素材的连接处，拖动素材中间的效果块可以控制叠化的时长。

（2）淡入和淡出。

淡入和淡出效果是从叠化演变而来，淡入就是从黑场慢慢叠化出画面，淡出则是从画面慢慢叠化淡出到黑场，这两种效果大多应用在开篇和结尾处，淡入是为即将到来的剧情做准备，淡出则为了给观众喘息的空间来吸收影片所表现的情感。

实现方法：在"效果"面板中找到"视频过渡"→"溶解"→"渐隐为黑色"效果，将其放到视频素材的开始或结束位置，同样拖动白色效果块可以调节淡入和淡出的时长。

6.1.4　制作视频包装

视频包装设计是以图案、文字、色彩等艺术形式，突出视频的特色，提升整体视觉体验，力求设计精巧、图案新颖、色彩鲜明、标题突出。

◆　任务描述

在本节内容中，我们将为先前剪辑完成的视频，添加风格统一的片头、动态字幕条及片尾，完成视频包装制作。

◆ **任务目标**

（1）能够根据主题完成包装设计。

（2）能够根据包装设计完成片头制作，如图 6-20 所示。

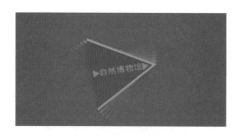

图 6-20　片头

（3）能够根据包装设计完成动态字幕条制作，如图 6-21 所示。

图 6-21　动态字幕条

（4）能够根据包装设计完成片尾制作，如图 6-22 所示。

图 6-22　片尾

（5）课后作业，完成特效制作。

6.1.4.1　工作流程

1. 片头制作

【操作录屏及最终效果见视频资源——6.1.4 片头制作】

（1）打开 Premiere 软件，新建一个"25.00 帧/秒""1280×720""方形像素（1.0）"的序列，如图 6-23 所示。

（2）创建一个字幕文件，勾选屏幕右侧的"背景"选项，将"填充类型"改为"径向渐变"，如图 6-24 所示。

图 6-23　新建序列

图 6-24　将"填充类型"改为"径向渐变"

（3）双击"颜色"中的两个方块，在弹出的"拾色器"对话框右下方的输入框中依次修改颜色代码为"244677"与"295590"，单击"确定"按钮完成颜色设置，如图 6-25 所示。效果如图 6-26 所示。

图 6-25　修改颜色代码为"244677"与"295590"

（4）将背景字幕文件拖动至右侧的时间轴上，如图 6-27 所示，并将字幕文件的持续时间延长至 3 秒 06 帧。

图 6-26　效果

图 6-27　将背景字幕文件拖动至右侧的时间轴上

（5）创建一个字幕文件，用"钢笔"工具在屏幕上画一个三角形，右击三角形，将"图形类型"改为"填充贝塞尔曲线"，如图 6-28 所示。

（6）单击右侧"填充"→"颜色"右侧的色彩块，在"拾色器"对话框中修改颜色代码为"FFAB00"，如图 6-29 所示。

（7）复制黄色三角形，修改颜色代码为白色"FFFFFF"，再调整白色三角形的大小及位置，如图 6-30 所示。

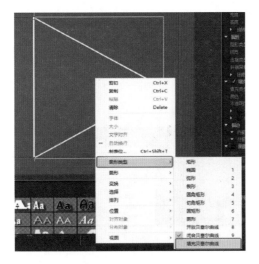

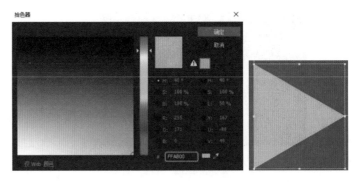

图 6-28　将"图形类型"
改为"填充贝塞尔曲线"

图 6-29　修改颜色代码

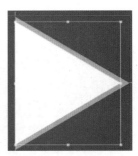

图 6-30　修改颜色代码、调整白色三角形的大小及位置

（8）复制白色三角形，修改颜色代码为红色"7C0000"，调整红色三角形的大小及位置，如图 6-31 所示。

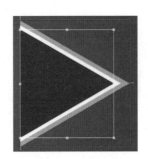

图 6-31　修改颜色代码、调整红色三角形的大小及位置

（9）复制两次黄色三角形，并调整复制三角形的大小和位置。使用"文字"工具在三角形中间输入"自然博物馆"，修改文字字体为"黑体""Regular"，字号大小为"53"，字距为"2"，字体颜色为白色，如图 6-32 所示。

（10）单击选中最底层的黄色三角形，勾选右侧工具栏中的"阴影"工具，如图 6-33 所示。单击右上角的"关闭"按钮 ，关闭字幕。

图 6-32　修改文字参数　　　　　　　图 6-33　勾选右侧工具栏中的"阴影"工具

（11）将制作完成的字幕文件拖入时间轴 V2 轨道中，右击字幕文件，选择"嵌套"选项，如图 6-34 所示，单击"确定"按钮，完成新建嵌套序列。

（12）双击时间轴上的嵌套序列，进入嵌套序列内部，将字幕文件延长至 19 秒 08 帧。

（13）在 2 秒 16 帧处将"效果控件"中的"缩放"参数调整为"51.0"，再单击"缩放"和"旋转"参数前的秒表新建关键帧。再在 0 秒 0 帧处将"缩放"参数调整至"72.0"，"旋转"参数调整至"-49.0°"，如图 6-35 所示。

图 6-34　选择"嵌套"选项　　　　　　图 6-35　新建关键帧并调整参数

（14）回到上一层序列，将时间轴上的嵌套序列的剩余部分全部拖出。右键嵌套序列选择"速度/持续时间"选项，将"速度"参数调整至"596"，如图 6-36 所示。

（15）在右下角的"效果"面板中找到"视频效果"→"时间"→"残影"效果，将"残影"特效拖至嵌套序列上。在左上角"效果控件"面板中调整"残影"参数：残影时间为"-0.233"，残影数量为"14"，衰减为"0.60"，残影运算符为"从前至后组合"，如图 6-37 所示。

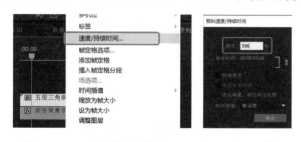

图 6-36　将"速度"参数调整至"596"　　　图 6-37　调整"残影"参数

（16）在右下角的"效果"面板中找到"视频过渡"→"溶解"→"交叉溶解"效果，将该效果拖至时间轴上的嵌套序列片段上，为该片段的首尾图添加"交叉溶解"效果，如图 6-38 所示。

图 6-38　为该片段的首尾图添加"交叉溶解"效果

2. 动态字幕条制作

【操作录屏及最终效果见视频资源——6.1.4动态字幕条制作】

（1）新建一个"25.00 帧/秒""1280×720""方形像素（1.0）"的序列。

（2）创建一个字幕文件，用"钢笔"工具在屏幕左下方处画出一个平行四边形，右击图形，将"图形类型"改为"填充贝塞尔曲线"，如图 6-39 所示。

（3）使用"钢笔"工具在灰色平行四边形右下方处画出另一个平行四边形，右击图形，将"图形类型"改为"填充贝塞尔曲线"。单击右侧"填充"→"颜色"右侧的色彩块，修改颜色代码为"FFAB00"，如图 6-40 所示。

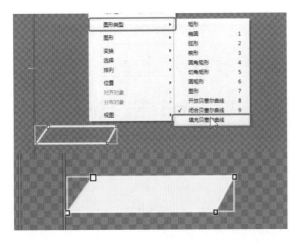

图 6-39　将"图形类型"改为"填充贝塞尔曲线"　　图 6-40　修改颜色代码为"FFAB00"

（4）复制第二个平行四边形，单击右侧"填充"→"颜色"右侧的色彩块，修改颜色代码为"7C0000"。使用"选择"工具对第三个平行四边形进行大小及位置调整，如图 6-41 所示。

（5）复制第三个平行四边形，单击右侧"填充"→"颜色"右侧的色彩块，修改颜色代码为"203F7C"，对第四个平行四边形进行大小及位置调整，如图 6-42 所示。

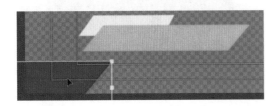

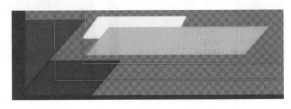

图 6-41　对第三个平行四边形进行
大小及位置调整

图 6-42　对第四个平行四边形进行
大小及位置调整

（6）使用"钢笔"工具在屏幕上画出一个等边三角形，右击图形，将"图形类型"改为"填充贝塞尔曲线"，单击右侧"填充"→"颜色"右侧的色彩块，修改颜色代码为"7C0000"，使用"选择"工具对红色三角形进行大小及位置调整，将其调整至黄色平行四边形的右侧，如图 6-43 所示。

（7）复制红色三角形，使用"选择"工具对第二个红色三角形进行大小及位置调整，将其调整至黄色平行四边形的左下角，如图 6-44 所示。

图 6-43　对红色三角形进行大小
及位置调整

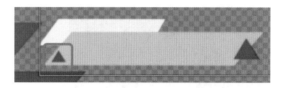

图 6-44　对第二个红色三角形进行大小
及位置调整

（8）使用"文字"工具在黄色平行四边形上输入"三大主题板块"，调整字体为"微软雅黑""Bold"，调整字体大小至"44"，调整间距为"12"，如图 6-45 所示。

（9）单击选中文字层，将其复制后删除，如图 6-46 所示，单击右上角"关闭"按钮 ，关闭字幕。

图 6-45　调整字体大小

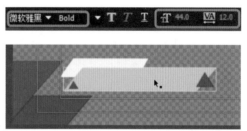

图 6-46　选中文字层，将其复制后删除

（10）创建一个字幕文件，粘贴刚才复制的文字层，如图 6-47 所示，然后单击右上角"关闭"按钮 ，关闭字幕。

（11）将第一个字幕文件拖入右侧时间轴 V1 轨道。在左下角的"效果"窗口中选择"视频过渡"→"滑动"→"滑动"，将"滑动"视频过渡拖至时间轴上字幕文件的首尾，如图 6-48所示。

图 6-47　粘贴刚才复制的文字层

图 6-48　将"滑动"视频过渡拖至时间轴上
字幕文件的首尾

（12）选中"字幕 01"末尾的"滑动"视频过渡，在左上角的"效果控件"中勾选"反向"

选项，如图 6-49 所示。

（13）将第二个字幕文件拖入时间轴 V2 轨道中，第二个字幕文件的开始时间要与第一个字幕文件第一个"滑动"视频过渡的结束时间一致，结束时间要与第一个字幕文件的第二个"滑动"视频过渡的开始时间一致，如图 6-50 所示。

（14）在"效果"面板中找到"视频过渡"→"溶解"→"交叉溶解"效果，将"交叉溶解"视频过渡拖至时间轴上第二个字幕文件的首尾，如图 6-51 所示。

图 6-50　调整第二个字幕文件的持续时间

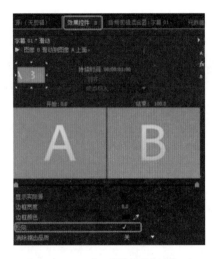

图 6-49　在"效果控件"中
勾选"反向"选项

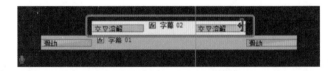

图 6-51　将"交叉溶解"视频过渡拖至时间轴上
第二个字幕文件的首尾

3. 片尾制作

【操作录屏及最终效果见视频资源——6.1.4 片尾制作】

（1）新建一个"25.00 帧/秒""1280×720""方形像素（1.0）"的序列。

（2）使用"文字"工具在画面上输入文字内容，如图 6-52 所示。调整字体为"黑体""Regular"，调整字号为"32"，调整行距为"45"。选择第一行"职员表"，在上方的工具栏中调整字号为"45"，如图 6-53 所示。

图 6-52　输入文字内容

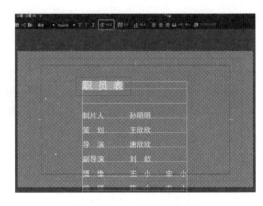

图 6-53　调整字体

（3）单击左侧"水平居中"工具 ⬚，使文字水平居中对齐，如图 6-54 所示。

（4）单击上方工具栏中的"滚动/游动选项"工具，选择字幕类型为"滚动"，勾选"开始于屏幕外"和"结束于屏幕外"选项，如图 6-55 所示，单击"确定"按钮完成设置。单击右上角"关闭"按钮 ⓧ，关闭字幕。

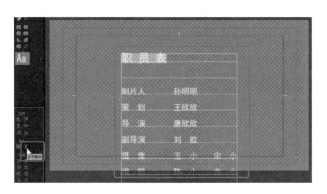

图 6-54　左侧"水平居中"工具

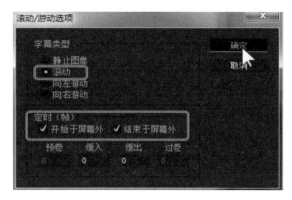

图 6-55　设置"滚动/游动选项"

（5）创建一个字幕文件，使用"矩形绘制"工具在屏幕中央绘制一大一小两个正方形，如图 6-56 所示。

（6）选择大正方形，在右侧工具栏的"填充类型"下拉菜单栏中选择"径向渐变"，将"颜色"中的第一个颜色设置为"7C0000"，第二个颜色为"550000"，调整"旋转"参数为"45°"，如图 6-57 所示。

图 6-56　使用"矩形绘制"工具
在屏幕中央绘制一大一小两个正方形

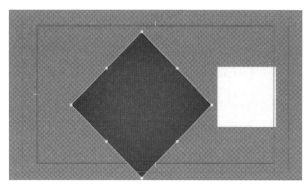

图 6-57　调整大正方形

（7）选择小正方形，在右侧工具栏的"填充类型"下拉菜单栏中选择"径向渐变"，将"颜色"中的第一个颜色设置为"FEBA00"，第二个颜色设置为"C99301"，调整"旋转"参数为"45°"，如图 6-58 所示。

（8）右击红色正方形，选择"排列"→"移到最前"，移动两个正方形的位置至左上角，如图 6-59 所示，单击右上角"关闭"按钮 ⓧ，关闭字幕。

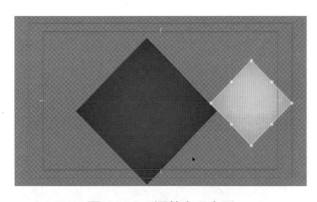

图 6-58　调整小正方形

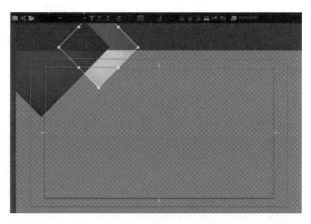

图 6-59　移动两个正方形的位置至左上角

（9）将第一个字幕文件拖至时间轴 V1 轨道，第二个字幕文件拖入 V2 轨道。在"效果"中找到"视频过渡"→"溶解"→"交叉溶解"效果，将"交叉溶解"特效添加至第二个字幕的开始与结尾处，如图 6-60 所示。

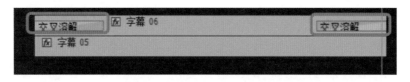

图 6-60　将"交叉溶解"特效添加至第二个字幕的开始与结尾处

6.1.4.2　知识与技能

1. 填充类型选项

（1）纯色：创建统一颜色的填充，根据需要设置。

（2）线性渐变：将创建线性双色渐变填充。

（3）径向渐变：将创建环形双色渐变填充。

（4）四色渐变：将创建由四种颜色组成的渐变填充，其中每种颜色分别从对象的每个角向外发散。

"颜色"选项指定起始和结束渐变颜色（分别显示在左右方框中）或色标。双击色标可选择颜色。拖动色标可调整各颜色之间过渡的平滑度。

2. 滚动/游动定时选项

开始于屏幕外：从视图外开始滚动到视图内。

结束于屏幕外：一直滚动到对象位于视图外为止。

预卷：在滚动开始之前播放的帧数。

缓入：标题滚动速度缓慢增加到播放速度期间所经过的帧数。

缓出：标题滚动速度缓慢减小，一直到滚动完成期间所经过的帧数。

过卷：在滚动完成之后播放的帧数。

向左游动、向右游动：游动的方向。

3. 关键帧

关键帧是标记指定值（如空间位置、不透明度或音频音量）的时间点。关键帧之间的值是插值。想要创建随时间推移的属性变化，应该设置至少两个关键帧：一个关键帧对应变化开始的值，另一个关键帧对应变化结束的值。

（1）添加关键帧。

可以在"时间轴"或"效果控件"面板中在当前时间添加关键帧。使用"效果控件"面板中的"切换动画"按钮可激活关键帧过程。

注：在轨道或剪辑中创建关键帧，无须启用关键帧显示。

（2）选择关键帧。

如果要修改或复制关键帧，首先在"时间轴"面板中选择此关键帧。未选择的关键帧显示为虚；已选择的关键帧显示为实。不需要选择关键帧之间的视频片段，因为可以直接拖动视频片段。此外，在更改用于定义视频片段终点的关键帧时，这些视频片段会自动调整。

（3）删除关键帧。

如果不再需要某个关键帧，可在"效果控件"或"时间轴"面板中从效果属性中将其删除。可以一次性移除所有关键帧，也可以对效果属性停用关键帧。在"效果控件"中，使用"目标关键帧"按钮停用关键帧时，现有的关键帧将被删除，并且在重新激活关键帧之前，无法创建任何新的关键帧。

6.1.5 数字视频发布

导出视频后可以将视频发布到不同的场景和舞台。作品制作完成后，就可以按照其用途，输出为不同格式的文件，以便观看或作为素材进行编辑加工。

◆ **任务描述**

在本节内容中，我们将完成整个数字视频的渲染输出。

◆ **任务目标**

（1）能够熟悉视频导出的流程。

（2）能够根据平台技术规范，合理设置导出参数。

6.1.5.1　工作流程

（1）单击时间轴面板，在最上方的菜单栏中选择"文件"→"导出"→"媒体"选项，如图 6-61 所示。

（2）在弹出的"导出"设置面板中，对导出视频的参数进行设置：导出格式选择"h.264"，在"输出名称"中设置视频名称以及保存路径，在"视频"→"比特率设置"选项中设置比特率编码为"CBR"，目标比特率为"10"，如图 6-62 所示。设置完毕单击"导出"选项，如图 6-63 所示。

图 6-61　选择"文件"→"导出"→"媒体"

图 6-62　比特率设置

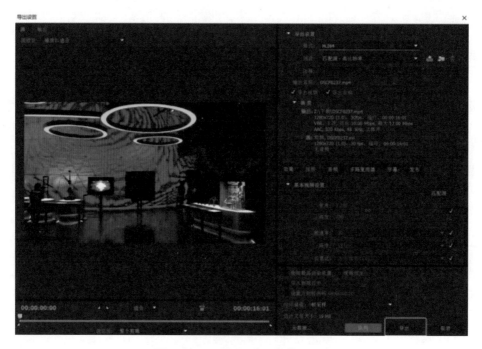

图 6-63　单击"导出"按钮

6.1.5.2　知识与技能

数字视频发布需要遵循一定的规范。

在完成"导出"成片后，可以选择在各类视频网站上发布自己的作品，随着网络的普及、自媒体的兴起，现在有许多人选择在网上发布自己的作品，但是在网上发布作品时有很多注意事项及一些技术要求需要关注。

（1）注意事项。

严禁发布以下内容或有以下行为。

- 反动、色情、低俗、暴力、血腥、赌博等违法内容。
- 宣扬邪教，封建迷信。
- 扰乱社会秩序，破坏民族团结。
- 违反公序良俗等不良导向内容。
- 人身攻击，侮辱，诽谤他人。
- 恶意引战，煽动对立，散播仇恨情绪。
- 危害未成年人身心健康成长。
- 侵犯网络版权及其他知识产权以及用户权益。
- 猎奇恶心等严重影响观感体验的内容。
- 有关法律、行政法规和国家规定禁止的其他内容。
- 以恶意规避审核规则为目的的异常投稿行为。

（2）技术要求。

- 视频格式：网页端、桌面客户端推荐上传的格式为：mp4、flv。
- 其他允许上传的格式：mp4、flv、avi、wmv、mov、webm、mpeg4、ts、mpg、rm、rmvb、mkv、m4v。
- 网页端上传的文件大小上限为 8GB，视频内容时长最大为 10 小时。
- 视频码率最高为 6000kbps（H.264/AVC 编码），峰值码率不超过 24000kbps。
- 音频码率最高为 320kbps（AAC 编码）。
- 分辨率最大支持 1920×1080。
- 声道数小于或等于 2，采样频率等于 44.1kHz。

任务 2　虚拟现实制作

虚拟现实作为一种新兴技术，近年来受到国内外的高度关注。众多世界领先企业纷纷进入该领域，投入大量人力和财力进行研发。我国也频频颁布政策推动虚拟现实产业的发展，在政府的大力支持下，虚拟现实产业在游戏、教育、医疗等多个应用领域发力，占比稳步上升，未来行业市场潜力巨大，就业前景广阔。

◆ **任务描述**

这个项目主要介绍虚拟现实作品的主要制作流程，需要掌握的模块与基本的编辑方法，虚拟现实作品的调试、导出与演示的相关技能。

◆ **任务目标**

通过对本节内容的学习，主要完成以下训练目标。

（1）熟练虚拟现实实时开发平台使用的基本操作。

（2）根据工作岗位的要求，完成各类素材的平台导入工作。

（3）根据场景实际情况，对模型素材进行调整优化。

（4）根据模型素材的具体情况，对材质进行合理编辑，增强模型表现力。

（5）适当调整环境基础光线设置，提升整体表现效果。

（6）能按要求生成虚拟现实作品，并进行项目演示。

6.2.1　添加三维模型

◆ **任务描述**

在这个任务中，我们将事先准备好的三维模型添加到 Unity 软件的项目场景中，并根据项目的需要进行合理的摆放。

◆ **任务目标**

（1）将模型文件正确导入指定位置，并放置到场景中。

（2）在场景中创建基本几何体。

（3）调整对象的比例与位置，便于进行观察。

6.2.1.1　工作流程

（1）启动 Unity Hub，在左侧标签页中单击"新建"按钮，弹出"创建新项目"对话框。在左侧选择"3D"模板，并在右侧"项目名称"文本框中输入适当的名称（建议非中文字符），在"位置"文本框中选择合适的存储路径（建议避开系统盘符），单击"创建"按钮完成项目设置，如图 6-64 所示。

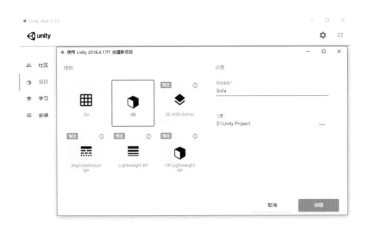

图 6-64　"创建新项目"对话框

（2）用鼠标按住并拖动模型素材文件"Leather_Chair"，放置于 Unity 中"项目"面板的下方空白处，将 FBX 格式的模型文件导入 Unity 项目中，如图 6-65 所示。

（3）在"项目"面板中单击选择"Leather_Chair"预制体文件，在"检查器"面板中单击"Materials"（材质）标签页，设置"位置"为"使用外部材质（旧版）"，设置"正在命名"为"从模型材质"，单击"应用"按钮，完成模型文件的导入设置，如图 6-66 所示。

图 6-65　导入 FBX 模型素材

图 6-66　对文件进行导入设置

（4）用鼠标按住并拖动"项目"面板中的预制体文件"Leather_Chair"，放置于"层级"面板的下方空白处，将预制体文件导入当前场景，并在"Scene"（场景）窗口中对载入的模型进行观察，如图 6-67 所示。按住【Alt】键+鼠标左键拖动可以旋转视角；调整滚轮可进行镜头的拉近或推远；按住鼠标中键并拖动可以进行镜头的平移。

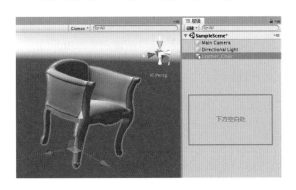

图 6-67　将模型载入场景

（5）在"层级"面板下方空白处右击，在弹出的快捷菜单中选择"3D 对象"→"平面"选项，在场景中创建地板，如图 6-68 所示。

（6）选择"层级"面板中的"Plane"对象，在"检查器"面板中分别设置"转换"组件下的各项参数，调整地板的大小与位置，如图 6-69 所示。

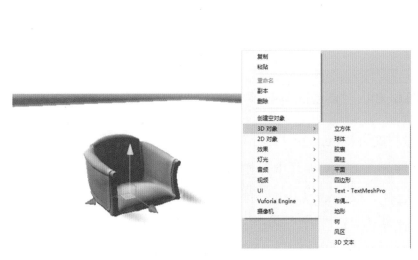

图 6-68　创建地板　　　　　　　图 6-69　调整地板参数

6.2.1.2　知识与技能

常用三维模型格式如下。

（1）3ds。

3ds 是 3ds Max 建模软件的衍生文件格式，做完 Max 的场景文件后可导出为 3ds 格式，可与其他建模软件兼容，也可用于渲染。

3ds Max 建模的优点是不必拘泥于软件版本。例如：某 3ds Max 文件是使用 3ds Max 2015 制作的，那么这个文件无法在 3ds Max 2014 及更低的版本中打开。如果想用低版本的软件打开，那么只能选择保存为 3ds 文件，这样即便是 3ds Max 08、09 版本都是可以打开的。

（2）OBJ。

OBJ 文件是一种标准 3D 模型文件格式，比较适合用于 3D 软件模型之间的互导，也可以通过 Maya 读写。比如 Smart3D 里生成的模型需要修饰，可以输出 OBJ 格式，之后就可以导入 3ds Max 进行处理；或者在 3ds Max 中建了一个模型，想把它调到 Maya 里面渲染或动画，导出为 OBJ 文件就是一种很好的选择。

OBJ 文件一般包括三个子文件，分别是.obj、.mtl、.jpg，除了模型文件，还需要.jpg 纹理文件。

目前几乎所有知名的 3D 软件都支持 OBJ 文件的读写，不过其中很多需要通过插件才能实现。另外，OBJ 文件还是一种文本文件，可以直接用写字板打开进行查看和编辑修改。

（3）FBX。

FBX 是 FilmBoX 这套软件所使用的格式，FBX 最大的用途是可在 3ds Max、Maya、Softimage 等软件间进行模型、材质、动作和摄影机信息的互导，这样就可以发挥 Max 和 Maya 等软件的优势。

6.2.2　设置模型材质

◆　**任务描述**

在本任务中，我们将按照场景中不同对象的实际特点，为其设置合适的材质贴图，并适当进行调整，使之更加真实。

◆　**任务目标**

（1）将素材文件正确导入项目。

（2）将素材文件分别指定到正确的材质通道中。

（3）在 Unity 中对材质进行简单的编辑与调整。

6.2.2.1　工作流程

（1）选中并拖动素材文件夹"Texture"，放置于 Unity 中"项目"面板的下方空白处，将材质文件导入 Unity 项目中，如图 6-70 所示。

（2）单击"项目"面板中的"Texture"文件夹左侧的展开箭头，展开显示其中的材质文件。选择"层级"面板中的"Leather_Chair"对象，在"检查器"面板中单击材质球组件左侧的展开箭头，展开显示材质球的详细属性设置，如图 6-71 所示。

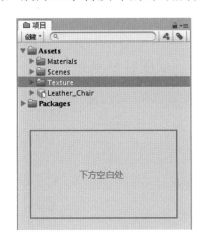

图 6-70　导入材质文件夹

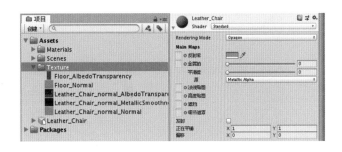

图 6-71　显示材质文件和材质球属性

（3）选中并拖动不同的材质文件，放置于对应的材质通道。其中，"AlbedoTransparency"代表"反射率"通道；"MetallicSmoothness"代表"金属的平滑度"通道；"Normal"代表"法线贴图"

通道。当指定法线贴图时，需在下方单击"现在修复"按钮，使其生效，如图 6-72 所示。

（4）单击"反射率"通道右侧的拾色器，可调整模型表面的颜色色调；将"源"设置为"Albedo Alpha"模式，并调整上方的滑块，可自定义模型表面的光滑程度，如图 6-73 所示。

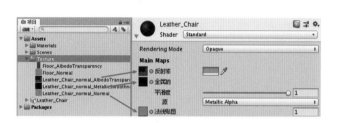

图 6-72 指定材质文件到对应的通道

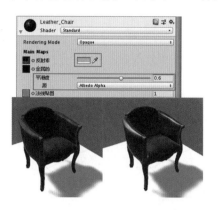

图 6-73 调整模型材质属性

（5）在"项目"面板下方空白处右击，在弹出的鼠标菜单中选择"创建"→"材质"选项，在项目中新建材质球。选择新建的材质球，按【F2】键，将其重命名为"Plane"，如图 6-74 所示。

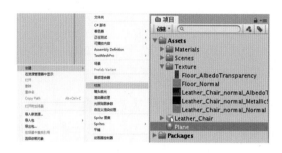

图 6-74 新建材质球

（6）选择"层级"面板中的"Plane"对象，将"项目"面板中的"Plane"材质球文件放置于"检查器"面板下方空白处，将材质球指定给地板模型，如图 6-75 所示。

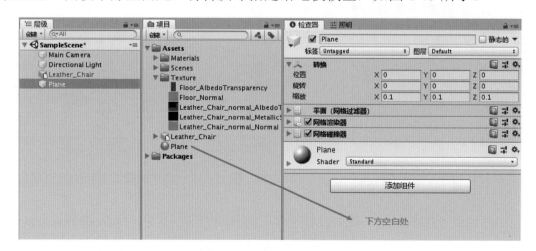

图 6-75 指定材质球给地板模型

（7）拖动"Floor_AlbedoTransparency"颜色贴图文件至材质球"Plane"的"反射率"通道；拖动"Floor_Normal"法线贴图文件至材质球"Plane"的"法线贴图"通道，单击下方"现在修复"按钮，使其生效，如图 6-76 所示。

（8）选择"项目"面板中的"Plane"材质球对象，在"检查器"面板中调整材质球的"反射率"与"平滑度"参数，改善地板材质；修改"正在平铺"参数，改变材质贴图在模型表面的平铺数量，以此调整材质贴图的长宽比例，如图 6-77 所示。

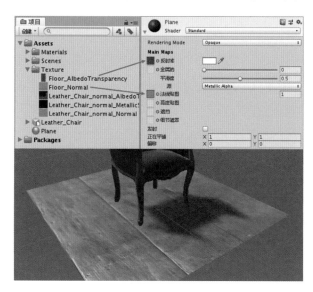

图 6-76　为材质球指定材质贴图

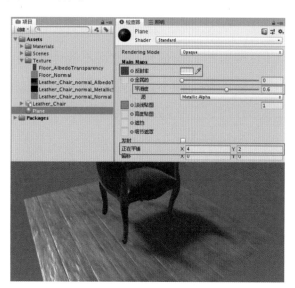

图 6-77　调整地板材质

6.2.2.2　知识与技能

PBR 材质贴图分析如下。

（1）反射率。

漫反射是光线穿入物体内部，经过多次散射后穿出物体表面向四面八方漫射的现象。在这里可以简单理解成物体表面固有的颜色。

（2）金属度。

用数字 1 和 0 描述材质是金属还是电解质，1 表示为金属，0 表示为电解质，通过这个参数可以调整对象的金属质感强弱。

（3）平滑度。

平滑度是材质的粗糙程度，1 表示材质表面非常光滑，0 表示十分粗糙，这个属性控制着反射（折射）效果的模糊程度。

（4）法线贴图。

法线贴图的原理是利用色彩信息的 RGB 色值分别代表 X、Y、Z 三个方向上的位移。法线贴图本质上只改变了光线在材质表面的传播方式，并没有产生实际的模型形变。

6.2.3　添加环境效果

◆　**任务描述**

在本节内容中，我们要为已经搭建好的虚拟现实场景添加一些环境特效，以此来进一步丰富场景内的视觉体验。

◆　**任务目标**

（1）调整相机拍摄角度，显示场景内容。

（2）导入移动脚本，合理设置参数，使镜头在场景中自由移动。

（3）合理设置光源，优化阴影显示效果。

（4）为场景添加天空盒，设置天空盒材质，提升场景环境表现。

6.2.3.1　工作流程

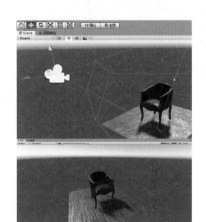

图 6-78　调整相机视角

（1）选择"层级"面板中的"Main Camera"相机对象，使用顶部工具栏中的"移动工具"拖动调整相机的位置，使用"旋转工具"转动相机的拍摄角度，在"游戏"视口中预览相机的拍摄画面，将相机视角调整到合适的状态，展示出场景的整体全貌，如图 6-78 所示。

（2）用鼠标按住并拖动脚本文件"CameraFree"，放置于 Unity 中"项目"面板下方的空白处，将其导入 Unity 项目中。选择"层级"面板中的"Main Camera"相机对象，拖动"项目"面板中的"CameraFree"脚本文件，放置于"检查器"面板下方空白处，将脚本组件挂载至相机下，如图 6-79 所示。

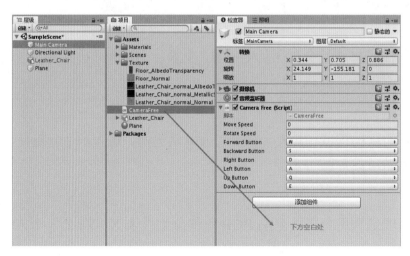

图 6-79　挂载脚本组件

（3）继续在"检查器"面板中设置"Camera Free"组件下的"Move Speed"（移动速度）与"Rotate Speed"（旋转速度）参数。单击激活顶部工具栏的"播放"按钮，待按钮转为蓝色时场景进入运行测试模式。在运行模式下，通过键盘【W】、【A】、【S】、【D】键控制相机的前后左右移动；【Q】、【E】键控制相机的升降；按住鼠标左键拖动、转动视角，进行相机活动测试。在"游戏"窗口中观察运行模式下的相机活动状态，再次单击顶部工具栏的"播放"按钮关闭运行模式，并对相机的活动参数进行修正。反复调试，将相机的速度调整至合适状态，如图 6-80 所示。

（4）选择"层级"面板中的"Directional Light"平行光对象，使用顶部工具栏中的"旋转工具"调整光源的照射角度，改变阴影的投影位置，如图 6-81 所示。

图 6-80　调整相机运行速度

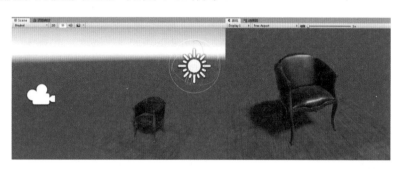

图 6-81　调整光照角度

（5）在"检查器"面板中调整"灯光"组件的多项参数，优化环境光线与阴影表现效果。其中，调整"颜色"可以改变光照色调，调整"强度"可以调整光照强弱，"阴影类型"建议选择高质量的"软阴影"。在"实时阴影"分类下，"强度"可以调整阴影的透明度，"分辨率"可以调整阴影的清晰程度；"偏离"用来设置阴影与模型相交位置的距离，如图 6-82 所示。

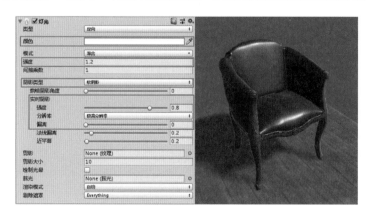

图 6-82　调整灯光参数

（6）新建材质球，将其命名为"Skybox"。在"检查器"面板中将"Shader"（着色器）设置为"Skybox/Procedural"类型，如图 6-83 所示。

（7）在顶部菜单栏选择"窗口"→"渲染"→"照明设置"选项，将弹出的"照明"面板排列至"检查器"标签页右侧。拖动材质球文件"Skybox"放置于"照明"面板下"天空盒材质"

通道内，替换原有默认材质，如图 6-84 所示。

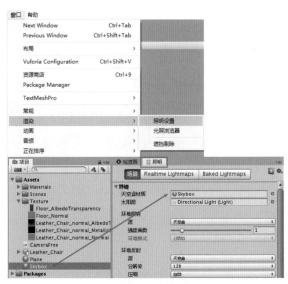

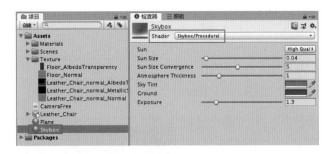

图 6-83　更改材质球着色器类型　　　　　图 6-84　替换天空盒材质

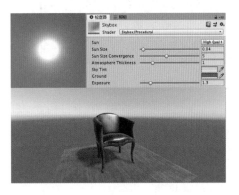

图 6-85　调整天空盒材质

（8）选择"Skybox"材质球文件，在"检查器"面板中调整各项参数，改变天空盒的表现效果。"Sun"建议选择"High Quality"（高质量），"Sun Size"可以调整太阳的尺寸大小，"Sun Size Convergence"用来调整太阳光晕的大小；"Atmosphere Thickness"可以改变环境光的照射效果，"Sky Tint"和"Ground"可以分别调整天空与地面的颜色；"Exposure"用来调整天空盒的整体曝光，如图 6-85 所示。

6.2.3.2　知识与技能

Unity 基础灯光设置参数简介如下。

①类型：灯光对象的当前类型。

②颜色：光线的颜色。

③模式：Realtime 实时/Mixed 混合/Baked 烘焙。

④强度：光线的明亮程度。

⑤间接乘数：间接光的明亮程度。

⑥阴影类型：No Shadows（无阴影）/Hard Shadows（硬阴影），锯齿强度比较明显/Soft Shadows［软（柔和）阴影］，软阴影效果比硬阴影效果好，但是耗费性能。

实时阴影设置参数简介如下。

①强度：阴影的黑暗程度。

②分辨率：阴影的细节水平。

③偏离：用于比较灯光空间的像素位置与阴影贴图的值的偏移量，影子显示错位时可进行调整。

6.2.4　生成演示作品

◆　**任务描述**

在本节内容中，我们通过合理设置路径与参数，将已有的虚拟现实作品导出成可供观赏的文件，并进行播放测试。

◆　**任务目标**

（1）合理设置项目导出路径。

（2）正确导出项目演示文件。

（3）能够进行播放测试。

6.2.4.1　工作流程

（1）在项目根目录下新建文件夹，命名为"Output"。在 Unity 面板顶部菜单栏选择"文件"→"Build Settings"（生成设置）选项，在弹出的设置窗口中单击"添加已打开场景"按钮，将当前场景载入。单击"生成"按钮，在弹出的路径选择窗口中选择刚才新建的"Output"文件夹，单击"选择文件夹"按钮完成输出路径的设置。等待项目生成完毕，弹出"项目输出文件夹"窗口，如图 6-86 所示。

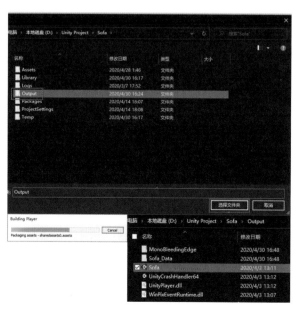

图 6-86　项目生成设置

（2）在项目输出文件夹中单击"Sofa"可执行文件，在弹出的配置窗口中勾选"Windowed"（窗口化），单击"Play!"按钮进行项目的运行与演示，如图 6-87 所示。

图 6-87　项目运行与演示

6.2.4.2　知识与技能

Unity 工程根目录下，有三个特殊文件夹，分别为 Assets、Library、ProjectSettings。

① Assets：Unity 工程中所用到的所有 Assets 都放在该文件夹中，是资源文件的根目录，很多 API 都是基于这个文件目录的，查找目录都需要带上 Assets，比如 AssetDatabase。

② Library：Unity 会把 Assets 下支持的资源导入成自身识别的格式，以及编译代码成为 DLL 文件，都放在 Library 文件夹中。

③ ProjectSettings：编辑器中设置的各种参数。

考核评价

◆　考核项目

（1）数字视频制作

将班级学生按 4 人一组进行分组，每组同学均需完成一部数字视频作品的制作。视频制作完成后，将所完成的项目在班级进行展示，并详细讲解自己的创意主题与脚本构思，其他同学为该项目评分。

项目内容为校园宣传片：①学校历史。通过展现学校丰富的历史文化信息，使学校超越单面的物的存在而成为立体的文化生活的存在,将学校的历史从只是数字的历史,展示出活生生的学校文化存在的历史。②知名校友。校友就是母校最好的"名片"。可与校友联系沟通好,校友亲身讲述,从不同的侧面诠释出学校培养学生生命力,让学生实现不同可能性的教育理念。这种现身说法,更具有亲和力,也较容易引发观众的共鸣。③学校环境。良好的自然环境是良好校园环境的一部分,师生的良好精神面貌其实也是良好校园环境的一部分,在宣传片中,应展现同学们良好的精神面貌,将学校良好的校园环境充分展示出来。④师资力量。学校的基础硬件设施固然重要,但更重要的是学校优秀教师资源的配备。教师队伍的教龄和资质,是判定学校师资力量的关键因素。强大的师资力量就是学校的根,是宣传片必须表现的部分。⑤校园活动、学生社团和文体活动等。丰富的课余文体活动,才是全面贯彻党的教育方针,才能培养中国特色社会主义事业的合格建设者和接班人。

请收集学校的历史文化、知名校友、学校环境、师资力量、校园活动等资料,制作一个介绍校园的宣传片。

(2)虚拟现实制作

请同学参考所学内容,完成书房室内设计项目的制作并进行虚拟现实项目演示。设计需求如下:

① 业主信息:35岁男性,工作时间稳定。

② 设计风格:干净明亮,简洁,富有现代感,实用性强。

③ 房间尺寸:10m²。

④ 室内家具:至少需要有沙发/椅子、茶几、灯、书架这几件必备家具,其他组件及装饰可根据设计需要酌情添加。

请根据设计需求,挑选合适的模型组件来搭建场景,进行室内设计的布局规划,并通过调整模型材质、灯光等多种元素,进一步确定室内设计风格,最终在虚拟现实空间中实现场景的自由游览。

◆ **评价标准**

根据项目任务的完成情况,从以下几个方面进行评价,并填写表6-1。

(1)方案设计的合理性(10分)。

(2)设备和软件选型的适配性(10分)。

(3)设备操作的规范性(10分)。

(4)小组合作的统一性(10分)。

(5)项目实施的完整性(10分)。

(6)技术应用的恰当性(10分)。

(7)项目开展的创新性(20分)。

（8）汇报讲解的流畅性（20分）。

表 6-1　评价记录表

序号	评价指标	要求	评分标准	自评	互评	教师评
1	方案设计的合理性（10分）	各小组按照项目内容，对项目进行分解，组内讨论，完成项目的方案设计工作	方案合理，得8～10分； 方案需要优化，得5～7分； 方案不合理，需要重新讨论后设计新方案，得0～4分			
2	设备和软件选型的适配性（10分）	各小组根据方案，对设备和软件进行选择和应用	选择操作简便，应用简单的设备和软件，得8～10分； 满足项目要求，但操作不简便，得5～7分； 重新选择得0～4分			
3	设备操作的规范性（10分）	各小组根据设备和软件的选型进行操作	能够规范操作选型设备和软件，得8～10分； 没有章法，随意操作，得5～7分； 不会操作，胡乱操作，得0～4分			
4	小组合作的统一性（10分）	各小组根据项目执行方案，小组内分工合作，完成项目	分工合作，协同完成，得8～10分； 组内一半人员没有参与项目完成，得5～7分； 一人完成，其他人没有操作，得0～4分			
5	项目实施的完整性（10分）	各小组根据方案，完整实施项目	项目实施，有头有尾，有实施，有测试，有验收，得8～10分； 实施中，遇到问题后项目停止，得5～7分； 实施后，没有向下推进，得0～4分			
6	技术应用的恰当性（10分）	项目实施使用的技术，应当是组内各成员都能够熟练掌握的，而不是仅某一个人或者几个人会应用	实现项目实施的技术全部都会应用，得8～10分； 组内一半人会应用，得5～7分； 只有一个人会应用，得0～4分			
7	项目开展的创新性（20分）	各小组领到项目后，要对项目进行分析，采用创新的手段完成项目，并进行汇报、展示	实施具有创新性，汇报得体，得16～20分； 实施具有创新性，但是汇报不妥当，得10～15分； 没有创新性，没有汇报，得0～9分			
8	汇报讲解的流畅性（20分）	各小组要对项目的完成情况进行汇报、展示	汇报展示使用演示文档，汇报流畅，得16～20分； 没有使用演示文档，汇报流畅，得10～15分； 没有使用演示文档，汇报不流畅，得0～9分			
			总　分			

小组成员：_____